中国工程科技2040发展战略丛书

中国工程科技2040发展战略

土木、水利与建筑领域报告

“中国工程科技2040发展战略研究”项目组

科学出版社
龍門書局
北京

内 容 简 介

《中国工程科技 2040 发展战略 • 土木、水利与建筑领域报告》在系统分析世界科技发展大势的基础上，紧密结合中国全面建设社会主义现代化国家的战略需求，提出面向 2040 年中国土木、水利与建筑领域工程科技的发展思路、战略目标与总体架构，各子领域的重点任务、重大工程与重大工程科技项目，以及工程科技需求牵引的基础研究方向建议。

本书涵盖城市与建筑、土木工程、水利与水资源、城市水安全、测绘与区域发展、交通工程、智慧城市等多个子领域，系统性、综合性、前瞻性强，可为相关政府部门系统谋划和前瞻部署提供参考，为科研工作者把握学科前沿动态、明确研究方向提供指引，为科技企业洞察行业发展趋势、优化企业技术创新布局提供助力，同时智库研究人员、社会公众也可通过本书了解土木、水利与建筑领域工程科技发展状况和未来图景。

图书在版编目（CIP）数据

中国工程科技 2040 发展战略. 土木、水利与建筑领域报告 / “中国工程科技 2040 发展战略研究”项目组编. -- 北京 ：龙门书局, 2025. 6. -- ISBN 978-7-5088-6739-7

Ⅰ. G322；TU-12；TV-12

中国国家版本馆 CIP 数据核字第 2025CR2063 号

责任编辑：杨婵娟　高雅琪 / 责任校对：韩　杨
责任印制：师艳茹 / 封面设计：有道文化

科学出版社
龙门书局 出版
北京东黄城根北街 16 号
邮政编码：100717
http://www.sciencep.com

北京中科印刷有限公司印刷
科学出版社发行　各地新华书店经销

*

2025 年 6 月第　一　版　开本：720×1000　1/16
2025 年 6 月第一次印刷　印张：13
字数：208 000

定价：108.00 元

“中国工程科技未来20年发展战略研究”

联合领导小组

组　长：李晓红　窦贤康

副组长：邓秀新　王希勤

成　员（以姓氏笔画为序）：

王　岩　王振海　王璞玥　卢春房　付雪峰
刘　克　刘作仪　杨俊林　张守攻　张　军
张伯礼　周守为　洪　微　费爱国　姚玉鹏
贺克斌　聂建国　倪培根　赖一楠　谭天伟

联合工作组

组　长：樊新岩　姚玉鹏

成　员（以姓氏笔画为序）：

丁养兵　于　璇　马守磊　孙　粒　陈冰玉
焦　栋

“中国工程科技 2040 发展战略丛书”

编　委　会

秘 书 组

组　长：黎青山　王崑声

副组长：马守磊　孙　粒　周晓纪

成　员（以姓氏笔画为序）：

王宏伟　付　强　刘宇飞　刘晓刚　刘盛志
许彦卿　孙　磊　孙胜凯　李欣欣　杨　毅
杨晓迎　杨富裕　沈　顺　张永伟　张国生
张铁煊　张增志　陈　涛　陈　磊　陈欣意
周　源　郑文江　胡承志　贾　怡　徐熙阳
高　丹　黄廷锋　隋秀峰　黎成权　薛晓娟
魏　畅

《中国工程科技2040发展战略·
土木、水利与建筑领域报告》

编 委 会

主　任：张建云
副主任：聂建国　岳清瑞
编　委：王建国　胡春宏　马　军　郭仁忠　张喜刚
张　松

工 作 组

成　员：刘晓刚　杨俊宴　赵　勇　王盼盼　李晓明
刘　高　李　晨　樊健生　赵　鹤　吴宏波
史　宜　汪　勇　王伟玺　施钟淇　李京津
何国华　洪武扬　王昆鹏

总　序

习近平总书记指出，“工程科技的每一次重大突破，都会催发社会生产力的深刻变革，都会推动人类文明迈向新的更高的台阶”。“中国工程科技未来20年发展战略研究”（以下简称“未来20年战略研究”）是中国工程院与国家自然科学基金委员会联合组织开展的工程科技中长期发展战略研究，是践行国家高端智库和思想库使命，围绕科技创新发展的全局和长远问题，强化科技战略咨询，引导全社会推进工程科技系统创新、引导我国科学家面向需求开展基础研究的重要抓手，自2009年迄今已开展三轮。当前，在中国迈入全面建成社会主义现代化强国的伟大征程这一历史节点，面向2040年开展未来20年战略研究，以人本视点、长远视角、全球视野谋划工程科技体系创新，对于发挥工程科技创新在中国式现代化伟大实践中的强大驱动和支撑作用，显得尤为重要。

一、明确战略导向，系统谋划工程科技体系创新，抢抓新一轮科技与产业革命的战略主动权

当前我们所处的时代，是一个正在孕育和推进巨大变革的时代。一是，新一轮科技革命和产业变革深入发展，新的“技术—经济”周期正在酝酿，科学研究不断突破人类认知边界，技术创新进入前所未有的密集活跃期，自然科学与工程技术正在经历一场空前的大整合，前沿科技领域即将发生一系列重大群体性突破，数字化、网络化、智能化加快与各领域融合，科技和产业形态正在发生体系性变革，一系列颠覆性技术和前沿技术将催生新产业、新模式、新动能，加速形成新质生产力。二是，科技革命与大国博弈相互交织，世界各国竞相布局新领域新赛道，高技术领域成为国际竞争最前沿和主战场，全球科技创新版图将持续进行深度重构，正在并将更加深刻地重塑全球秩序和发展格局，我国建设科技强国的环境更加复杂、任务更加艰巨、挑战更加严峻。三是，中国经济社会进入现代化发展新阶段，质量变革、效率变革、动力变革成为现代化发展的核心主题，本质要求以科技创新引领产业创新，以科技现代化支撑高质量发展，以科技强促进产业强、经济强、国家强，全面推进中华民族伟大复兴。

由此可见，面对百年未有之大变局，科技创新的战略导向十分紧要，工程科技的战略选择至关重要。站在新的历史方位，我们必须把握历史主动和战略主动，作为工程科技思想库，我们更加有责任对工程科技在中国式现代化发展中的作用做出回答，并且要做出系统、科学的回答。通过集聚群智，超前谋划、系统研究，深刻认识、准确把握、主动适应当代科技创新大势，统筹研究与解决工程科技领域战略性、方向性、全局性重大问题，策源重大战略、推动重大攻关，力争在新一轮科技革命的浪潮之巅掌握主动权，为中国乃至全球创新发展贡献方案和智慧，以工程科技赋能传统产业转型升级、培育壮大新兴产业、前瞻布局未来产业，引领现代化产业体系建设，充分发挥工程科技战略对我国工程科技进步和经济社会发展的引领作用。

二、擘画发展愿景，面向全球性挑战和人类共同未来，科学描绘工程科技发展路线图

科技进步在以空前的力量和速度改变人类生产和生活方式，但科技发展的不确定风险也为本就充满变数的世界带来诸多挑战。世界进入大科学时代，工程与科学技术的综合集成加速了科技转化和工程运行节奏，数字智能、绿色低碳和以人为本，成为未来 20 年全球工程科技创新的最突出主题，人工智能技术成为新一轮科技革命的核心驱动力，可望推动人类迈向普惠型智能社会，绿色、低碳发展成为人类应对气候变化生存危机的最根本路径，工程科技对经济社会及环境等方面的影响不断加深，工程实践日益成为一个社会建构的过程，不仅将引发产业变革，且将在更大程度上引起社会整体性变革，推进人类社会进入崭新的未来世界。与此同时，科技发展本身的风险不容忽视，物理世界、虚拟世界以及人类社会的脆弱性日益凸显，人类发展面临前所未有的挑战，战略失策的风险增加。面向未来，技术方向、技术路线选择是否正确，将决定能否抓住颠覆性创新的窗口期、把控产业体系重构的正确方向、把握技术路径与产业发展主导权，能否有效提高国家科技资源配置效率、满足安全发展和应对全球性挑战的需求，以及是否符合科技伦理的要求和全球科技治理格局重塑的需要。

因此，在不确定不稳定大变局下，我们将怎样看待 2040 年的中国？怎样看待 2040 年的世界？怎样看待 2040 年的人类社会？面对这些前景、挑战和不确定性，我们更加强调以科学的方法开展前瞻战略研究，更加强调立足人与社会的长远发展愿景，以更好地增进人类福祉为目标开展科技发展路径选择，更加强调考量社会经济发展需求与工程科技发展的双向作用。为此，在中国工程科技 2040 发展战略研究（以下简称“2040 战略研究”）中，我们创新提出了“愿景驱动的工程科技 2040 发展战略研究”方法体系，进一步突出需求和愿景驱动，充分发挥工程科技的实践性、创造性、带动性和选择性作用，以更好、更有效地创造和满足人类发展需求为出发点，将技术预见、工程科技发展可能性与经济社会发展需求紧密结合，强调对未来经济社会与科技融合发展的愿景的预见和预判，深度描绘未来发展蓝图，以期选择正确的发展方向，谋划科学高效的发展路径，提出合理可行的发展策略，追求新兴技术与社会发展的和谐统一，通过工程科技的系统性创新与工程实践，主动塑造更加理想的未来，推动人类社会可持续、安全和健康发展。

三、突出联合优势，推动基础研究与工程科技的互融共促，全链条筑牢高水平自立自强根基

基础研究是科技创新的源头和先导，是实现高水平科技自立自强的根基和前提。当前，科学研究范式发生深刻变革，基础研究、应用研究、试验发展呈现非线性链接、互融共促的新特征，基础研究转化周期明显缩短，基础研究与工

程科技的关系将更加密切。从科技革命发展的态势看，国际科技竞争不断向基础前沿前移，要抢抓科技革命发展机遇，必须从底层做起，推动原创性、颠覆性科技创新，实现基础研究与产业研发的底层耦合与深度联动、理论与技术的闭环反馈与快速迭代，为发展新质生产力开辟新领域新赛道，塑造新动能新优势。与此同时，我国当前产业体系和重大工程关键环节仍存在一些短板弱项，其中很大一部分是对基础理论和基础问题认识不清造成的，聚焦现代化经济体系建设要求、产业链和产业生态体系安全发展要求，迫切需要加强需求牵引、问题导向的基础研究部署。

因此，在2040战略研究中，我们把从工程科技发展需求中特别是从重大工程建设需求中提出基础研究问题作为研究重点之一，以充分发挥中国工程院汇聚一大批工程科技界大师的优势，加强工程科技界和基础研究界院士专家的交流互动，围绕工程科技需求共同凝练基础研究问题，提高工程创新中的系统工程思维在基础研究领域整体谋划布局中的作用，强化基于国家战略需求的重大科学问题前瞻布局，促进基础研究与应用研究、成果转化融通发展，进而牵引和拓宽基础科学发展空间。同时，充分发挥国家自然科学基金委员会覆盖自然科学全领域的专家资源优势，加强重大任务和重大科技项目的凝练。这样，既能选择、引导、带动基础研究，又能推动工程科技创新与产业变革，为实现高水平科技自立自强、推动经济社会发展、建设现代化强国做出更大贡献。

总之，2040战略研究具有工程科技与经济社会发展结合紧、从基础研究到重大工程链条全、工程科技覆盖体系强、路线图研究积累深等特点，研究过程中，坚持以院士为核心、以专家为骨干，强调发挥战略科学家的作用，注重吸纳优秀中青年专家参加，动员了各领域近300位院士以及近900位专家，并通过技术预见调查等方式，吸收5000多位专家的意见，强化研究的开放性，充分凝聚各界智慧。在本套丛书即将付梓之际，我们谨对参与和指导项目研究的领导、院士、专家表示诚挚的感谢。

“中国工程科技2040发展战略丛书”包含1部综合报告，1部技术预见报告，11部领域战略研究报告，以及1部《中国工程科技2040发展战略 · 需求导向的基础研究导论》，力图通过较为系统、全面的战略研究和成果传播，在支撑国家战略规划和决策的同时，为社会各界了解工程科技发展态势、开展技术方向选择等提供指引，为各有关方面规划研究编制提供参考，推动社会各界共同推进工程科技创新，共同迎接和创造新的未来。

展望未来，中国工程院和国家自然科学基金委员会将继续鼎力合作，将未来20年战略研究作为长期任务加以推进，以期通过持续研究，不断提高研究的战略性、科学性与实践性，更好地引领工程科技创新，聚力推动社会主义现代化强国建设。

“中国工程科技未来20年发展战略研究”
联合领导小组

2025年2月

前　言

党的二十大提出了“推进以人为核心的新型城镇化”和“以城市群、都市圈为依托构建大中小城市协调发展格局，推进以县城为重要载体的城镇化建设”的新发展战略，指明了“实施城市更新行动，加强城市基础设施建设，打造宜居、韧性、智慧城市”等工作方向（习近平，2022）。从现在到2040年，是我国城镇基础设施高质量发展的关键时期。当前，我国基础设施建设虽然取得了巨大的成就，但在绿色低碳、文化传承、长寿命、抗灾变、智能化、全寿命周期运维管理等方面仍存在很多亟待解决的问题，难以满足未来城镇高质量发展的核心需求。

《2021中国建筑能耗与碳排放研究报告：省级建筑碳达峰形势评估》显示：2019年，我国建筑全过程碳排放占全国碳排放的50.6%，其中建材生产阶段和建筑施工阶段碳排放合计占比为29%，建筑运行阶段碳排放占比为21.6%（中国建筑节能协会，2021）。城镇基础设施的品质不高、寿命不长、运维管理不到位等问题对可持续发展和“双碳”目标的制约日益突出。因此，对土木、水利与建筑领域的相关工程科技问题开展前瞻性的战略研究，不仅有利于新型城镇化建设和城镇基础设施高质量发展，也将极大促进“双碳”目标的实现。

为全面应对面向 2040 年土木、水利与建筑领域所面临的空前挑战，2020 年，中国工程院与国家自然科学基金委员会联合部署“中国工程科技 2040 发展战略研究”，其中，依托中国工程院土木、水利与建筑工程学部，设立了土木、水利与建筑领域课题组。课题组拟通过战略研究达到如下目标：①把握土木、水利与建筑领域国内外科技发展趋势，预测我国 2040 年在该领域的发展图景，识别国家重大战略需求，科学谋划，选择关系全局和长远发展的优先方向，提出重点领域和子领域、优先发展主题和技术群；②筛选出土木、水利与建筑领域中的关键技术和共性技术，特别是未来可能出现的突破性与颠覆性技术，提出本领域需要建设的重大科技基础设施；③面向应用，提出重点发展方向的工程科技发展路径，根据工程科技发展要求，提出需要优先发展的基础研究方向；④通过战略研究，为国家在土木、水利与建筑领域工程科技的系统谋划和前瞻部署提供支撑，为国家在本领域的基础研究部署提供参考，不断提高我国工程科技发展水平和能力，服务于经济社会的可持续发展。

土木、水利与建筑领域课题组在“中国工程科技 2040 发展战略研究”联合领导小组、项目组和项目办公室的领导下，按照总体组的部署开展研究工作，研究过程中和技术预见与方法支撑组、需求分析与经济预测组、总体项目工作组以及其他领域组和跨领域组密切配合。土木、水利与建筑领域涉及的范围十分宽广，为了便于研究和组织，课题组划分了“城市与建筑”“土木与材料”“水利与水资源”“城市水安全”“测绘与区域发展”“交通工程”“智慧城市”7 个专题。针对前6个专题组织成立了由院士牵头、领域专家广泛参与的专题研究小组，最后1个专题“智慧城市”作为领域内交叉方向的专题，由相关专题研究小组共同参与。课题研究的重要特色是引入技术预见和发展路线图等战略研究的科学方法。2021年和2022年一共进行了两轮全国范围内的大规模技术预见调查活动，每轮均有300余位本领域知名的院士和专家积极参加。在战略研究的后半期，各专题研究小组为了进一步凝练共识，深入开展了发展路线图的绘制工作。技术预见和发展路线图的相关工作为战略研究的专家研讨以及核心观点提炼提供了强有力的支撑，也增强了战略研究结论的可信度和科学性。

本书研究的主要成果包括：①通过对与本领域有关的世界各国正在开展的重大科技计划和国际前沿问题进行调研与综述，总结了本领域工程科技的国际先进水平，给出了面向2040年本领域工程科技的发展方向和趋势，并对2040年世界与本领域有关的经济社会的发展状况进行了预测；②通过对2040年我国与本领域有关的经济社会发展情景以及工程科技与产业特征的分析，提出了本领域我国需要解决的7个重大问题及其对工程科技的26个需求；③通过对我国工程科技在本领域的预见结果的分析，对本领域技术发展的总体特征进行判断，筛选出本领域最重要的技术方向，提出了本领域重要工程科技发展的制约因素；④提出了本领域工程科技的发展思路，确定了本领域工程科技2030年和2040年的发展战略目标，给出了本领域工程科技发展的总体架构；⑤提出了本领域的重点任务、关键技术或技术群及其发展路径、需要优先开展的基础研究方向、需要国家层面部署的重大工程以及重大工程科技专项；⑥提出了本领域面向2040年工程科技发展的多项政策与措施建议。

展望2040年的中国城镇，应具备“安全可靠、绿色环保、智慧便捷、舒适宜居、经济适用”的特征，基础设施建设应实现“高安全性能、高使用性能、高经济性能、高施工性能、高环保性能、高维护性能、高耐久性能、高抗灾性能”等一系列高性能目标。为实现这一目标，需要在规划、设计、建造、运维、消纳全寿命周期内统筹，在绿色、生态、低碳、可持续和具有地域文化特色的城市与建筑，高性能绿色可持续土木工程，智慧化、生态化和安全化的水利与水资源安全保障体系，绿色、低碳、可持续的城市水系统，智能泛在的地球空间信息系统，高质量智慧便捷的综合立体交通工程，融合新一代信息技术的智慧城市系统等方向取得一系列工程科技的自主原始创新。

本书希望能抛砖引玉，为政府、企业界和学术界等不同层面提供决策和行动参考，为促进我国土木、水利与建筑领域的高质量发展做出贡献。

《中国工程科技2040发展战略·
土木、水利与建筑领域报告》编委会

2025年2月

目　　录

第一章　面向2040年土木、水利与建筑领域世界工程科技发展态势

第一节　世界土木、水利与建筑领域工程科技发展状况和国际先进水平

一、本领域世界各国正在开展的重大科技计划及其预期成果

1. 欧洲智慧城市建设

欧洲智慧城市建设始于2000年。2000—2005年欧洲实施了建设“电子欧洲”行动计划，2006—2010年完成了第三阶段的信息社会发展战略。2000年英国南安普顿市启动了智能卡项目，此后欧洲各国相继开始建设智慧城市，并取得了相当可观的成绩。

2009年，维也纳理工大学区域科学中心团队在对欧盟28个国家内人口超过10万的468个城市进行城市智慧化的深入调研后，发现欧盟城市中智慧城市的比例高达51%。该团队首次提出了欧盟智慧城市发展的三大元素以及6个主题。三大元素分别为技术元素、体制元素以及人的元素；6个主题包括智慧经济（smart economy）、智慧公众（smart people）、智慧治理（smart governance）、智慧移动（smart mobility）、智慧环境（smart environment）、智慧生活（smart living）。

2011年，欧盟启动了面向知识社会创新2.0的Living Lab（生活实验室）计划，致力于将城市打造成为开放创新空间，营造有利于创新涌现的城市生态，并以Living Lab为载体推动智慧城市的建设。2012年，欧盟发起了“智慧城市和社区的欧洲创新伙伴关系”（Smart Cities and Communities European Innovation Partnership），把能源、交通和通信等领域的技术与城市需求相结合，并在特定的城市开展示范项目。

总的来说，欧洲智慧城市建设更重视城市居住者，以人为本是智慧城市的核心。未来欧洲智慧城市将成为新一代信息技术支撑、知识社会创新环境下的城市形态，它所强调的不仅仅是物联网、云计算等新一代信息技术的应用，更重要的是通过面向知识社会的创新 2.0 方法论的应用，构建以用户创新、开放创新、大众创新、协同创新为特征的城市可持续创新生态。

2. 欧盟“目的地地球”（Destination Earth）倡议

（1）发起机构：欧盟委员会、欧洲航天局、欧洲气象卫星开发组织、欧洲货币基金组织。

（2）主旨和目标。开发一个极高精度的地球数字孪生模型，在上面进行各种各样的环境模拟测试，目的在于监测和模拟自然和人类活动，并开发和测试各种情景，以促进更可持续的发展和支持欧盟的环境政策。通过建设一个基于云的联合建模和仿真平台，提供对数据、高级计算基础设施（包括高性能计算）、软件、人工智能（artificial intelligence，AI）应用程序的访问。具体目标是：2023 年，推出一个可操作的云平台和两个最高级别事项的数字孪生系统；2025 年，在平台中整合 4—5 个可操作的数字孪生系统，并为公共部门用户提供服务；2025—2030 年，融合平台现有数字孪生系统，向全数字孪生地球发展。

（3）预期成果。创建数字化孪生地球可实现对大自然和人类活动的“可视化、监控和预测”，如天气预报和气候变化、粮食和水安全、全球海洋环流和海洋生物地球化学等，让用户能够访问信息、服务、模型、场景以及进行模拟和预测。

3. 日本“社会 5.0”（Society 5.0，即超级智能社会）

（1）发起机构：日本科学技术与学术政策研究所。

（2）主旨。目标是成为世界上第一个实现以人为本的社会（“社会5.0”）的国家，任何人都可以享受充满活力的高质量生活。通过将先进技术融入各种行业和社会活动，并促进创新以创造新价值来实现以上目标。在过去的信息社会（“社会4.0”）中，人们通过互联网访问网络空间中的云服务（数据库），并搜索、检索和分析信息或数据。“社会5.0”将实现网络空间（虚拟空间）和物理空间（真实空间）的高度融合。在“社会5.0”中，来自物理空间传感器的大量信息在网络空间中积累，网络空间中的这些大数据通过人工智能进行分析，并将分析结果以多种形式反馈给物理空间中的人类。在达成“社会5.0”目标的过程中突破以下重点关键技术：①能够在信息物理系统（cyber-physical systems，CPSs）中进行知觉控制的人类智能扩展技术；②创新的人工智能技术和人工智能应用系统；③人工智能应用的自进化安全技术；④信息输入和输出设备与高效网络技术；⑤支持大规模定制的新一代智能制造系统技术；⑥面向制造智能产品的新型计测技术。

（3）预期成果。在“社会5.0”中，人、物和系统都在网络空间中连接起来，人工智能获得的超出人类能力的最佳结果被反馈到物理空间。这个过程以前所未有的方式为行业和社会带来了新的价值。通过实现具有这些属性的“社会5.0”，可以使日本乃至世界在解决关键社会问题的同时实现经济发展。它还将有助于实现联合国制定的可持续发展目标（sustainable development goals，SDGs）。

4. 美国国家地震减灾计划（National Earthquake Hazards Reduction Program，NEHRP）

（1）发起机构：美国地质调查局（United States Geological Survey，USGS）。

（2）主旨与目标。尽管随着技术的进步以及产品和服务的增加，美国国家地震监测台网系统（Advanced National Seismic System，ANSS）已经在其全面实施的过程中取得了巨大的进展，但仍赶不上由城市和经济发展所带来的地震风险增加的脚步。美国国家地震减灾计划包括以下目标。①确保发生地震危机时有备无患。为使地震通知服务能够稳定传递信息，需要强化服务功能和提升发布速度，如进行国家和区域部分的“压力测试”，发现弱点和可能的故障点，并根据测试结果改进关键部分，强化运行能力。②加强城市地区地震安全性，如开发地震早期预警系统、开展城市地区高分辨率破坏与影响评估、开展关键设施与生命线的高分辨率破坏与评估、开展余震预报能力研究等。③拓展观测数据的获取能力，降低地震风险。监测重要构筑物的地震响应数据，完善相关建筑规范；开展人为活动诱发地震危险性与风险的综合评估；将大地测量数据联合用于地震影响的快速评估等。

（3）预期成果。该计划预期在聚焦提升基础服务稳定性的同时，加强城市地区地震安全性方面的创新，拓展观测数据获取能力以降低地震风险。

5. 联合国水事会议形成的《水行动议程》（Water Action Agenda）

（1）发起机构：联合国大会（General Assembly of the United Nations）。议程由会议的主办方荷兰和塔吉克斯坦共同起草，汇总了各国和各方面为实现SDG 6（为所有人提供水和环境卫生并对其进行可持续管理）和其他与水有关的具体目标而做出的全新的承诺、保证和行动。

（2）主旨与措施。《水行动议程》是2023年联合国水事会议的一个重要成果，旨在鼓励会员国、利益攸关方和私营部门承诺采取紧急行动，应对当今的水挑战。议程中的计划和措施是各国和各方面为保护水资源而做出的自愿承诺，涵盖了一系列广泛的行动领域，例如：①做出更明智的食物选择，减少农业中不可持续的用水；②对水作为强大经济驱动力的意义进行重新评估，提高水资源利用效率和价值；③承认水是地球文化遗产的一部分，保护与水相关的自然和人文景观；④开发新的、可替代的粮食系统，以应对气候变化和人口增长对水资源的压力；⑤启动新的信息系统，指导实现可持续发展目标的计划和优先事项；⑥改善基础设施弹性，提高对洪水、干旱等灾害的应对能力；⑦加强跨界水资源合作，促进区域和平与安全。

（3）预期成果。①促进各国和各方面为实现SDG6和其他与水相关的具体目标而做出的全新的承诺、保证和行动，包括政策、法律、制度、技术、金融、教育、创新等方面；②建立一个基于科学的新路线，将承诺转化为实际行动，包括建立有效的协调机制、监测和评估体系、沟通和宣传平台等；③跟踪和报告《水行动议程》的进展和成果，包括建立指标和基线数据、定期发布进展报告、定期组织审查会议等；④复制和扩展有效方法，并将成功的解决方案进行全球推广，提高水资源利用效率和价值，保护社会和生态系统，应对气候变化等挑战；⑤加强各方的合作和参与，让全世界因水而团结起来，为保护水资源而采取紧急行动。

6. 未来城市建设（Cities of the Future）计划

（1）发起机构：国际水协会（International Water Association，IWA）。

（2）主旨与措施。未来城市建设计划旨在通过统筹规划和基于水的政策制定来保障城市水安全。该计划指出，随着人口增长、城镇化进程加快、全球气候变化，城市发展的新陈交替发生改变，这要求城市水领域及其他相关领域的工作者要对城市的水管理模式进行重新思考，使城市水系统具有以下功能特征：最低限度地使用稀缺水资源、保障人类健康、提高社会公平性和城市舒适度、减少能源消耗和温室气体排放、提高城市对气候变化的适应力。未来城市建设计划分为三个层级。第一层级为再生水系统构建，其目标是保证人类健康，并通过高效用水和水资源再生回用保障水质、水量安全；开源节流，实现水资源循环与分级利用，非传统水资源得到开发利用，城市污水深度处理与再利用成为解决水资源短缺和补充地下水源的重要途径；以城市群为对象，实行进出城市群的水资源平衡对策，构建城市污水回用于农田灌溉、城市生态和工业的水资源循环利用体系。第二层级为水敏感城市设计。对整个城市的水循环从管理、保护和保存上进行一体化管理，打造对水资源可持续性、可恢复性和宜居性敏感的城市环境。其包含四个建议和策略，即规划水敏感城市空间及城市设计、降低干旱洪涝风险、提高水的价值、改良和调整城市建筑材料以减少对水的污染。第三层级为智慧水城市。强化传统基础设施的科技赋能，引入信息化、智慧化、智能化新技术，建立智慧水系统感知层、传输层、处理层的系统方法，提高对突发事件的快速感知能力，在城市的供排水基础设施以及河道等关键节点，布设智慧化感知、监测设施，及早预警，及时处置，提高基础设施的韧性能力。

（3）预期成果。国际水协会希望通过未来城市建设计划获得如下成果：①降低城市水循环的负面影响，小型化、分散化、生态化的技术被用于提升城市供水效率和改善卫生服务水平，低成本、易维护的运行方式成为主流，城市应对全球气候变化的能力大大增强；②通过智慧水城市建设促进创新和投资，构建具有持续的影响力、合理的制度与富有弹性的规划及基础结构，使居民享受到干净、便捷、安全的自来水，顺畅的排水服务与优美的水环境；③促成公共机构、金融机构、技术及生产机构对未来城市水系统的支持，围绕应对水源风险、优化供水服务、强化监督管理设计建设系列制度，完善水质规范纲要，强化洪水和干旱应急策略。

7. 美国《国家地月科技战略》（National Cislunar Science and Technology Strategy）

（1）发起机构：美国白宫科技政策办公室。

（2）主旨和措施。空间态势感知对于航天器在所有轨道上的安全和成功运行至关重要，是实现所有地月空间活动的透明度和安全运行的必要基础。通过可扩展和可互操作的方式实施地月空间通信和定位、导航和授时。其中通信和定位、导航和授时是在地月空间中，包括在月球轨道上和在月表进行的所有活动所必需的通用信息基础设施。为了将当前的空间态势感知能力拓展到地月空间，该战略采取的措施包括：①对空间态势感知的需求、优先事项和现有差距进行评估，根据需要开发或改进现有的地面传感器，验证高性价比的天基和月表传感器，并研发地月空间导航和空间飞行安全支持的程序；②开发和验证可使人类在地月空间长期驻留，并为载人火星及以远任务提供信息的能力和新兴技术；③最大化地利用地月空间开展科学研究，开发和增强技术，以开展月球正面、月球背面和月球极地科学研究。

（3）预期成果。随着地月空间活动的增加，美国政府将确定新的空间态势感知能力要求，寻求发展新的具有成本效益的能力并在必要时改进现有能力，并对新的存在潜在危险的小行星进行探测和预警，推进负责任的和安全的空间飞行活动，建立最佳实践的技术基础。

8. 全球海洋观测系统2030战略（Global Ocean Observing System 2030 Strategy）

（1）发起机构：联合国教科文组织政府间海洋学委员会（Intergovernmental Oceanographic Commission，IOC）。

（2）主旨。全球海洋观测系统2030战略旨在建立一个综合性的全球海洋观测系统，在这一新的全球化系统中，有关大气和海洋进程的重要信息可以使季节性预报变得更为准确，改善农业、建筑、保险和公共卫生规划，以及对水资源、生态系统和野火的管理。

（3）预期成果。通过合作伙伴关系加强科学、政策和社会之间的联系，为人类的可持续发展、安全、福祉和繁荣提供必要信息。公众将可以掌握与决策者相同的信息，通过参与其中并在当地收集海洋观测数据丰富与海洋相关的经验，并能够在选择和开展海洋活动时获得信息支持。

9. 美国全球定位系统（Global Positioning System，GPS）现代化计划（GPS Modernization Program）

（1）发起机构：美国空军、美国国防部。

（2）主旨和措施。美国GPS现代化计划旨在未来30年内保持美国在卫星导航系统上的优势地位，改进GPS的总体性能，确保美国在提供GPS服务和在全球导航卫星系统（global navigation satellite system，GNSS）应用上的领先地位。同时为美军提供更高精度的定位服务，通过可变发射功率、点波束等技术实现更高的抗干扰性能。美国GPS现代化计划的主要措施包括如下几点。①空间段升级，通过优化星座布局、卫星“推陈出新”，全力研制第三代GPS卫星——GPS Ⅲ，新一代导航卫星GPS Ⅲ共有36颗，包括A、B、C三种类型。其中，GPS Ⅲ A卫星12颗、GPS Ⅲ B卫星8颗、GPS Ⅲ C卫星16颗。②地面段升级，美国空军正在加快新一代GPS地面系统——GPS OCX的开发和部署工作。新一代GPS OCX是下一代地面高性能实时运行系统，旨在为军事、商业和民用用户提供安全、精确、可靠的导航和授时信息。GPS OCX将集地面段、太空段和用户段的服务于一体，以加强其任务指挥、控制及态势感知能力，无缝支持全球数十亿用户。OCX控制段将增加系统容量，支持新型GPS Ⅲ卫星。③信号体制升级，为了更加全面地增强GPS的信号体制，提升系统的应用性能及与其他系统的兼容互操作能力，在GPS现代化计划中新增了部分新型信号类型，包括第二、第三、第四民用信号和军用码/M码等。

（3）预期成果。①空间段包括GPS Ⅲ卫星和GPS Ⅲ F卫星的部署工作；②地面段包括下一代运行控制系统（next-generation operational control system）的升级工作；③用户段包括围绕M码用户设备研制、部署和试验所进行的下一代专用集成电路（application specific integrated circuit，ASIC）、M码卡、M码接收机研制以及武器系统适配应用工作，最终将提升GPS的功能和整体性能，保障其实现可靠可信的定位、导航、授时（positioning，navigation and timing，PNT）体系。

10. 欧盟可持续与智能交通战略（Sustainable and Smart Mobility Strategy）

（1）发起机构：欧盟委员会。

（2）主旨和措施。交通运输和移动出行在经济和社会两个层面上具有重要意义，但庞大的交通系统也为社会带来了碳排放，空气、噪声污染，交通安全事故，道路拥堵以及自然环境多样性丧失等环保问题和安全问题。欧盟要在2030年至少减少55%的温室气体排放并在2050年实现碳中和，这使如何大幅减少碳排放、如何让出行服务和交通系统变得更加可持续，成为目前交通部门面临的最严峻的挑战。欧盟所追求的可持续的欧洲交通运输系统必须是智慧且灵活的，需要适应不断变化的运输方式和需求，并充分利用高新科技达到为所有欧洲公民服务的目标。为应对挑战，欧盟需要加深加快变革，引入更强力的政策来减少交通运输对化石燃料的依赖。通过智慧的、有竞争力的、安全的、可实现且负担得起的交通系统实现碳减排目标。可持续与智能交通战略的实施，将推动欧洲交通运输系统绿色和数字化的双重转型，从而重塑交通行业并重振经济。

（3）预期成果评估。欧盟委员会设立了具体的目标，希望可以使欧洲交通运输系统朝着智慧和可持续发展的未来迈进。到2030年，至少3000万辆零排放汽车将在欧洲道路上运行，100个欧洲城市需要达到气候无害，高速铁路交通量将翻一番，欧盟内500 km以下的集体出行应达到碳中和，将大规模部署自动化出行，零排放船舶将投入市场。到2035年，零排放大型飞机将进入市场。到2050年，几乎所有类型的车辆都将实现零排放，铁路货运将翻番，高速铁路交通量将增长两倍，全欧交通网络（trans-European transport networks，TEN-T）将在综合网络中投入运营。

为实现欧盟委员会的愿景及目标，该战略针对3个发展方向确定了10个旗舰目标。

方向一：可持续出行——向零排放、可持续发展的交通转变。旗舰目标1：推广零排放汽车，推动可再生能源和低碳燃料及相关基础设施的使用（如在2030年前安装300万个公共充电站）。旗舰目标2：建立零排放机场和港口（出台可再生能源代替化石能源的新倡议，推动立法，建立排放控制区）。旗舰目标3：使城际和城市内的交通更加可持续和高效优化（提升高速铁路服务，创造运输运营的有利条件）。旗舰目标4：绿色水运（将陆运转变为依托铁路和水运的运输模式）。旗舰目标5：碳排放定价，激励用户行为（要制定激励措施来推动交通工具向零排放过渡）。

方向二：智慧出行——实现无缝、安全、高效的连接。旗舰目标6：实现欧盟网联协作式自动驾驶出行（cooperative，connected and automated mobility，CCAM）平台的有效利用（如解决交通规则和自动驾驶责任之间的协调问题）。旗舰目标7：利用创新、数据和人工智能，实现智慧出行（通过开发新技术和服务来主动塑造未来）。

方向三：弹性出行——形成统一的具有弹性的欧洲运输区，实现包容互联互通。旗舰目标8：持续强化单一市场（大规模投资、在欧盟出资计划内协调投资并确定优先次序）。旗舰目标9：让出行更加公平和公正（利用基金向欠发达成员国和地区提供支持）。旗舰目标10：加强运输安全和保障（如对影响安全的事故进行评级，分级调查）。

二、本领域工程科技发展状况与国际先进水平

（1）“城市与建筑”领域在先进技术支撑下的生态低碳城市规划设计，绿色建筑全寿命周期设计、建造与运营管理技术，先进数字技术及其在城市和建筑上的运用方面是当前领域发展的世界前沿。

先进技术支撑下的生态低碳城市规划设计主要体现在两个方面：一方面不断积累并建构了城市高精度的生物气候基础数据库，另一方面拥有针对性的关键性微气候分析模拟软件。绿色建筑全寿命周期设计、建造与运营管理技术层面主要是完善建筑性能从前期策划、设计、施工到用后评估全链条的技术标准，便于从整体层面进行绿色效益评估。此外，基于跨学科的深度交叉，不断推动先进绿色材料在建筑工程中的应用，以提升建筑性能。先进数字技术及其在城市和建筑上的运用层面的主要优势是多类型、多尺度的实践样本为先进数字技

术的运用提供了基础（王建国，2012）。

面对全球气候变化的共同挑战和基于对可持续发展思想的深刻理解，人们对如下方面给予了重点关注。一是城市与建筑设计中生态技术的运用。国际建筑界基于“可持续发展”，采取专业应对策略，广泛应用被动式和低能耗的绿色建筑设计与城市设计。美国在绿色建筑标准研究方面取得了突出成果并产生世界性的影响，欧洲则在实验性生态建筑和技术方面领先（王建国，2005）。不少欧洲发达国家（如瑞典、丹麦等）为了在历史传承与城市化中寻找城市可持续发展的途径以缓解能源危机，均提出在城市中优先采用太阳能的计划。该领域的主要发展趋势包括：注重基于可再生能源和要素利用的被动式建筑设计；多元和多样性的生态技术探索，如适宜技术、中间技术、低技术、软技术以及其在建筑中的集成应用；相关可再生能源利用潜力技术的鼓励政策和行业技术标准的研究与制定等。

二是基于性能优化和集约利用的高密度建成环境下的现代城市设计和更新。为应对气候变化、保障城市韧性安全、突显城市风貌特色，国际大都市均开展不同规模、不同深度的现代城市设计和城市公共空间环境优化。主要体现在基于可持续发展思想的城市更新实践、结合城市公共空间环境建设和场所营造的实践创新和数字技术应用等方面。具体发展趋势包括：研究城市设计与建筑设计及城市规划的关系；基于全球环境变迁的绿色城市设计研究；实践方面主要探讨城镇公共空间环境设计的方法、城市特色的研究、城市历史文化的继承和拓展、城市设计运作管理机制，以及结合具体工程型项目的设计优化、基于新型人-环境-资源关系的“理想城市”模式的追求和探索（王建国，2005）。

三是全球化背景下城市和建筑设计的地域化与历史文化遗产保护。自20世纪50年代后期起，城市和建筑文化的地域特色保护与传承的问题一直是建筑界讨论、研究和实践的重要主题，也是实现人类社会可持续发展的重要内容（Cohen，1999）。国际上对建成环境的历史文化保护正在从单一建筑尺度，到历史街区、历史城区及特殊历史文化走廊的多尺度、多层级的综合保护与利用过渡。不仅是新建筑，历史建筑也被普遍看作人类文明演进的文化载体。中国是世界上历史文化遗产最丰富的国家之一，加强对历史文化遗产的保护，使城市在体现时代精神的同时富有传统特色，是坚定文化自信的重要表现，也是建设现代化城市进程中必然要面临的重要课题（王建国，2005）。从发展来看，这一领域的主要科技问题是地域性的城镇环境特色和历史遗产保护技术的现代化。

四是以数字技术为代表的城市建筑分析和生成设计平台的创新。建立在以数字技术为代表的各种新技术基础之上的信息化城市，其空间设计方法有两个主要发展趋势：其一，发展新型城市空间，并依托科技进步逐渐更新现有城市空间和活动组织方式；其二，基于多源大数据，深度剖析城市建构机理，对城市要素进行多尺度传导式设计。这种技术平台将大大深化人们对城市空间的理解，加深并拓展空间研究的深度和广度，实现规划设计方案在现实空间中的完全和实时虚拟，对设计方案及其结果进行精确数据分析和预测。近年来，世界上还出现了两种以数字技术为基础的建筑形式和流程发展趋势。一种以弗兰克·盖里（Frank Gehry）为代表，在这种趋势中，设计者强调的是施工和建造过程的数字化，通过将建筑与航空业先进技术结合，创造出具有想象力的未来建筑形式。另一种以帕特里克·舒马赫（Patrik Schumacher）、本·范·伯克尔（Ben van Berkel）、伯纳德·凯诗（Bernard Cache）和格雷格·林（Greg Lynn）等为代表，强调运用参数化的方法，实现从设计到施工和建造过程的全流程数字化。从世界范围看，这一领域目前已经成为建筑学科最具成长性的学术前沿领域，并将深刻影响建筑学科的未来发展。

（2）世界范围内建筑工业化水平迅速发展，建筑智能化水平显著进步，建筑材料的创新对土木工程行业发展的推动作用愈发显著，“土木与材料”领域科技研发与工程应用的结合日益紧密。

要实现土木工程领域的健康发展，就必须集中力量，大力创新，取得突破，形成自己的特色和优势。行业的革新与调整，离不开人才资源的支持。从2021年斯坦福大学研究团队发布的“全球前2%顶尖科学家榜单”（Baas et al.，2021）可以看到，在土木工程领域，美国有276位学者上榜，我国有109位，日本有25位。另外，从2025年英国教育组织QS（Quacquarelli Symonds）颁布的世界学科排名[①]可以看到，土木工程排名前20的高校中，欧洲占7席，美国占4席，我国占6席（含香港3席），新加坡占2席。因此，我国土木工程领域的人才储备较为雄厚，已处于国际第一梯队。近些年来，我国在基础设施建设领域取得突飞猛进的发展，土木工程领域的研究和应用水平在世界范围内位居前列。从上述国际统计数据可以看到，土木工程领域的优秀人才有力地促进了一系列土木工程新技术的研发与应用，使我国在工程结构体系创新、新型建筑材料、建筑工业化和智能化等领域取得了突破性进展。

装配式建筑的大力发展和推广有力推动了新型建筑工业化进程。以我国为例，2014—2018年，我国新建装配式建筑面积每年均保持24%以上的增速，到2018年，新建装配式建筑面积已经达到1.9亿m^2（唐瑜和李超，2022）。在建筑设计标准化、构配件和部品部件制造机械化、安装施工装配化、施工管理规范化、施工过程专业化和集成化、设计施工和运维一体化等方面实现了跨越式发展，形成了融合关键共性技术的产业化解决方案，并在各类工程结构领域得到了广泛的推广与应用。在超高层建筑施工领域，“超高层智能化整体顶升钢平台及可变模架体系”解决了塔吊、电梯设备与模架支承结构冲突的问题，在超高层建筑施工的竞争中取得了优势地位（彭玲玲和鲁长国，2012）。大量的装配式结构构件产业化生产基地建成，研发了具有特色的生产线，实现了规模化生产，大大提高了施工效率。新型装配式结

① QS世界大学学科排名：土木工程2025. https://www.qschina.cn/university-rankings/university-subject-rankings/2025/civil-and-structural-engineering[2025-03-20].

构体系及产业化技术研发，适应了超低能耗房屋绿色建造的需求，满足建筑防灾减灾、节能减排、环境保护与可持续发展等要求，有极为广阔的应用空间和研究价值（曹万林等，2021）。

新型土木工程材料的研究和应用得到快速发展，对土木工程结构综合性能提升具有显著促进作用。新型土木工程材料一般具有高强度、抗灾变、高耐久、绿色低碳等特征，可以很好地弥补传统材料的缺陷，实现功能多样化，不仅可以满足人们的日常使用要求，而且能够提升结构整体质量，更加环保、绿色、健康，对实现节能减排、可持续发展具有关键作用。例如，新型混凝土材料的研究应用进一步提高了工程建设中混凝土结构的性能，推动了混凝土施工技术的快速发展，更好地适应了可持续发展的要求（丰瑛，2021）。高强钢、耐候钢等新型钢材的使用有效地提高了结构的耐久性和安全性，满足了结构在复杂环境条件下的安全需求，为建筑产业的转型升级提供了可选的供给侧手段（石永久等，2021）。纤维增强复合材料由于具有轻质高强、耐腐蚀、可设计等优点，为新建结构工程以及结构加固补强提供了新选择，可促进结构向超大跨、超高层、高海拔、深海等方向发展（王安妮等，2022）。但是，目前土木工程材料研究与结构设计和工程应用还相对分离，结构工程中的很多高性能、环境友好的要求仍因缺乏材料层面的相应解决方法而无法满足，很多材料研究成果也难以较好地运用在工程结构中，因此，材料-结构一体化将是未来推动土木工程领域进一步发展的重要议题。

随着近年来数字图像软件技术和人工智能技术的迅猛发展，土木工程领域呈现自动化、信息化和智能化的全新发展趋势。其中，结构健康监测（structural health monitoring，SHM）已成为土木工程中智能化发展最为迅猛的领域，以卷积神经网络（convolutional neural network，CNN）、循环神经网络（recurrent neural network，RNN）、残差网络（residual network，ResNet）、单阶段目标检测算法（如 you only look once，YOLO）等为代表的深度神经网络的兴起推动了土木工程基础设施诊治的进一步发展（刘宇飞等，2021）。此外，土木工程结构智能设计的研究也方兴未艾，相关学者基于深度神经网络提出了高层剪力墙结构智能建模与设计方法，相比传统设计方法可大幅缩短设计周期、节省材料用量（程国忠等，2022）。另外，将传统建造技术与现代化技术高度融合的智能建造也成为土木工程智能化发展的典型代表，计算机技术、网络技术、机械电子技术、建造技术与管理科学的交叉融合，促使建造及施工过程实现数字化设计、机器人主导或辅助施工的工程建造方式，加快了建筑业转型升级，有力推动了建筑业的现代化发展（刘占省等，2021）。但是，基于机器学习、深度学习等新一代人工智能技术的土木工程设计分析方法想要实现大规模、普适性的实际工程应用还存在巨大的研究和改进空间。可利用全球网络提供的高效数据获取、数据存储、数据管理、数据集成、数据挖掘、数据可视化等一系列计算与信息服务，大力发展软硬件高度协同、虚实场景深度融合的新一代智能建造技术以及智能化诊治与运维技术，促进土木工程领域的研究方法和手段的变革。

（3）水利和水资源与以人工智能、大数据、物联网等为代表的新一代信息技术深度融合，促进“水利与水资源”领域向智慧化、生态化和安全化方向发展。

信息技术和监测手段的快速发展，推动了水利智慧化的进程。发达国家水利基础设施建设历史悠久，信息化建设也颇具成效。美国近年来发起水联网项目，重点强调水务数据的集成与共享，并制定了路线图分地区逐步推进；欧洲在新一轮智慧城市建设中发力，推出了相当宏观的数字计划，F4W（FIWARE 4 WATER）作为其分支也被予以重点支持，可谓是全球最大手笔；新加坡作为全球缺水典型，在智慧水务建设方面更是使出浑身解数，现有的水资源利用方面的先进技术，几乎都能在新加坡的实验室看到痕迹。然而，我国基于地理时空大数据的智慧城市与智慧流域建设等存在明显短板，缺乏前瞻性、原创性和引领性（蒋云钟等，2021）。同时对人工智能、数字孪生、移动互联、大数据、云计算等新一代信息技术引领智能化变革的适应性不足（蒋亚东和石焱文，2019），对新一代信息技术的业务化应用能力不够，尚未实现相关自然机理驱动与人类活动尤其是社会化大数据监测数据平台等的有效融合和相互验证，与新时期强监管的需求不相适应（李仪祉和党兰玲，2022）。未来全球水利与水资源方向应该重点开展数字孪生流域建设技术、重大水网工程建设和安全运行关键技术等方面的研究（李国英，2022）。

生态安全和保护逐渐成为全球社会发展的共识，未来水利生态化将逐渐贯穿于水利发展全过程。发达国家工业化已经完成了快速发展阶段，在清洁生产、面源污染防治、生态需水、河流湖泊水位与流量标准制定等生态方面的技术和方法已经日益成熟，已发展到政策执行阶段。水生态环境保护与治理是全球面临的一个挑战，目前还存在如下几方面的问题：一是在水生态系统基础研究方面，对水文和生态复合过程的作用机制与规律的理解不足，制约了生态-水文模型的发展与模拟精度，而且对不同尺度水生态系统的发展演化特征、规律及趋势把握不准；二是在水污染防治过程涉及的污染物监测评估、污染治理技术、环境修复技术方面，各国间存在明显差距；三是在清洁生产和污染源头控制方面较为薄弱，水环境质量标准体系急需完善；四是面源污染治理和控制技术只是在少数典型地区与重点区域有所应用，面源污染评估方法及标准体系还没有建立，系统性的面源污染监控网络的建立尚需时日；五是在针对重点流域、湖泊、水库的水环境修复技术方面综合性不强，治理效果远未达到预期。未来水生态修复将是全球水利与水资源方向面临的重要问题（董哲仁等，2007）。

气候变化、复杂环境等外部因素对水利安全提出了更高的技术要求。全球气候变化、经济快速发展、人口增长、全球多极化及复杂地缘政治等外部因素，对水资源的需求和重大水工程建设与安全运行提出了挑战。气候变化导致全球极端降水和干旱事件频发，影响了区域水安全，新兴经济体国家工业化推动全球资源消耗高位运行，全球经济增长依赖水资源消耗的趋势不会发生根本性改变，全球多极化及复杂地缘政治格局导致资源竞争常态化。在水灾害防治与风险管理领域，转变防治理念已经成为各国治水方略调整的共同趋向。在洪涝灾害防治领域，世界主要国家基本实现了从控制洪水向洪水管理的转变；在干旱灾害防治领域，实施干旱风险管理已经成为共识。全球在极端降雨条件下的城市洪涝风险管理、水利工程隐患深水探测与处理、基于大数据的水利水电基础设施健康状态监测与修复等方面还存在明显短板（重大水利工程安全基础理论发展战略研究项目组，2019）。

（4）在全球水资源危机的驱动下，世界范围内“城市水安全”领域在原理、技术、管理、规范等诸多方面都有了长足的发展和进步，提升水的质量、减少水的成本、保障水的安全都是“城市水安全”领域持续关注的焦点。

世界淡水资源日渐短缺，污染日益严重，水、旱灾害愈演愈烈，水生态系统遭到破坏。随着可用水量的减少和污水排放量的与日俱增，世界各国已经达成水资源保护的共识。可持续发展模式已经成为世界各领域长期发展的指导方针，在“城市水安全”领域也不例外。可持续的城市水系统在设计和管理上可以满足现在及将来社会的需求，同时可以维持生态、环境和水利的完整性。这一理念在发达国家的城市建设中已经有所体现，我国也将其纳入多项发展规划，并在城市水系统原理、技术、管理、规范等诸多方面取得了突破性的进展，涌现了一批世界先进的成果。

饮用水处理技术不断进步。化学预氧化、吸附、生物处理等水质预处理技术以及活性炭吸附技术、臭氧-活性炭技术、臭氧-生物活性炭技术、光催化氧化技术、膜分离技术等饮用水深度处理技术均得到了发展，并在美国、日本及欧洲部分发达国家得到了广泛应用，为饮用水安全起到了重要保障作用。从出厂到水龙头还需要经过输配、二次供水等过程，因而饮用水安全管理涉及多环节、跨越多部门，是饮用水安全保障的薄弱环节，因此对水质的监测是提升行业监管能力、保障城市饮用水安全的关键步骤。在政府部门的引导下，通过对水质监测、水质监测预警、应急支撑、绩效评估、供水系统风险评估等供水相关环节的系统梳理，我国完善了相关的标准、技术指南等标准化文件，提升了行业和供水企业的饮用水风险防控意识和能力。洁净的水源可大大降低饮用水的处理难度，从而降低饮用水成本，也可以减少消毒副产物的产生，降低饮用水风险。应建立完善的饮用水水源保护区制度，合理确定饮用水水源保护区，严格禁止破坏水源涵养林和水资源保护设施的行为，因地制宜地进行水源安全防护、生态修复和水源涵养等工程建设。

基于数据信息与通信技术手段的城市水系统悄然兴起。我国正在建设全过程、全要素的智慧管控体系以管理具有系统性、整体性、复杂性和不确定性特点的未来城市水系统，以应对突发性水污染、保障水生态安全。应结合社会、经济、环境和生态全要素大数据信息，开展数字规划和前瞻设计，来应对人口发展、气候变化和突发疫情等不确定因素对城市水系统安全的影响；构建空天地一体化环境大数据与人工智能平台，实时感知城市水系统的状态变化与面临的潜在风险；构建智慧化的风险防控体系，实现城市水系统的优化管理和城市水环境的安全诊断，从水生态安全出发，将水资源危机、水体污染、水生生物、水利工程等方面的环境和生态因素考虑在内，运用信息与通信技术感测、分析、整合城市水环境运行核心系统的关键信息，对各种突发情况做出智能响应。但目前智慧水系统处于初级发展阶段，存在前瞻性、生态性、系统性和整体性等方面的缺失，社会各界应加深对智慧水系统的了解，加快推进其建设与完善。

污水高效处理及再生利用技术不断进步，可持续的污水处理理念被广泛认可，资源回收得到应用。以生态循环为目标的可持续污水处理技术得到应用，包括好氧颗粒污泥及其高值资源（类藻酸盐）回收技术、纤维素回收技术、污泥焚烧电/热与余温热能回收技术，以及基于焚烧灰分提磷技术、金属回收生产混凝剂技术、用水和处理水过程中的碳核算技术、以工艺数学模拟为核心的智慧控制技术等。污水处理领域，在技术上，呈现出以厌氧、好氧生物法为主，以物化法为辅的多元化格局，传统工艺的调控策略不断更新，新型水处理技术纷纷涌现，每一个工艺背后均有许多可选择的技术予以支持，相同的技术也可在不同的工艺中获得应用；在观念上，污水处理从单纯“治污”的传统理念向“可持续污水处理”的角度转变，将污水作为能源和资源的载体，实现在污水处理过程中营养物收集、能源回收与水资源再生利用三位一体的构想。在水污染加剧和水资源短缺的背景下，注重新型水处理技术的开发，提倡可持续污水处理，通过统筹规划污水处理过程的设计、运营和管理等环节，合理布局，使污水处理与经济社会发展水平相协调，与水环境安全要求相适应，以此来保障城市水安全，其已经受到普遍关注，并成为研究的前沿热点。

（5）大数据、云计算、物联网、智能机器人等新技术的快速迭代，为测绘科技的发展储备了源源不断的新动力。测绘科技融合了信息科学、空间科学、高性能计算和网络通信等领域的先进技术，是以全球导航定位技术、遥感技术、地理信息技术等为核心的高新技术，其水平在很大程度上体现了国家高新技术水平与综合国力。

多尺度、个性化、智能化、全天候的测绘服务型需求逐渐增加是当前测绘领域发展的主要趋势。测绘技术领域的技术分类包括大地测量与导航定位、摄影测量与遥感、地理信息与地图制图、地理国情监测等。

大地测量与导航定位方面，GPS、北斗卫星导航系统（Beidou Navigation Satellite System，BDS）、格洛纳斯导航卫星系统（Global Navigation Satellite System，GLONASS）和伽利略导航卫星系统（Galileo Navigation Satellite System，Galileo）等全球导航卫星系统都在加快建设和完善进程，区域卫星导航定位系统建设加速推进。全球导航卫星系统数据处理由离线向在线转变，美国等国家提供了高精度在线全球导航卫星系统数据处理服务。国际地球参考框架点坐标精度达到毫米级，年变化率的精度优于1 mm。全球大地测量观测系统（global geodetic observing system，GGOS）正致力于整合各类大地测量数据，形成一致、可靠的大地测量数据产品（Giuseppe，2022）。重力测量卫星CHAMP、GRACE和GOCE的成功升空以及GRACE后续星的发射昭示着人类已经迎来一个前所未有的卫星重力测量时代（Wang et al.，2017；杨元喜等，2022）。室内外无缝导航定位技术发展迅速，形成了无线局域网、超声波、射频识别（radio frequency identification，RFID）、蓝牙等多手段互为补充的室内导航定位技术体系。此外，英国国防科学与技术实验室正在研制量子导航定位系统，能精确跟踪人体移动的位置，可在水下精确导航定位。

摄影测量与遥感方面，卫星影像正在向高时空分辨率、高光谱分辨率方向发展。基于多源传感器的数据融合与反演服务成为遥感技术应用新趋势（龚健雅，2018）。当前世界上最先进的遥感卫星都兼具高分辨率、快速重访和敏捷成像能力。例如，美国KeyHole（KH）-12军用卫星利用300 km×1000 km的椭圆轨道，在近地点可实现0.1 m极高分辨率，在远地点可实现大范围观测、快速重访和对多目标高效能观测。航空摄影测量成为三维精细建模的主要手段，多角度倾斜航空系统逐渐成为城市精细三维建模的重要数据采集装备（Jeong et al.，2020）。多时相合成孔径雷达（synthetic aperture radar，SAR）干涉测量、极化干涉测量和SAR层析建模技术是近年来的研究热点。机载激光雷达（light detection and ranging，LiDAR）技术已成为复杂地形测量和三维建模的重要手段。地面移动激光扫描系统可以快速获取目标三维表面的坐标、纹理和属性信息。

地理信息与地图制图方面，更加注重产品的三维表达以及属性信息的精细化，产品内容和产品形式向社会化、三维化、动态化、泛在化和智能化发展（Li et al.，2021）。美国地质调查局发布了更易于促进地理信息产品快速、广泛传播的美国地形图；瑞士正在开发包含10层要素的三维地形景观模型（3D TLM）。地理信息的现势性方面，英国实现了半年现势性的全国多尺度地理信息数据库的动态更新。随着移动互联网、大数据、云计算技术的发展，基于云架构的地理信息数据网络化采集、自动化成图、智能化分析与泛在化服务正在成为研究热点（宁津生，2019）。

地理国情监测方面，欧美等国家和地区在战略规划、土地覆盖和土地利用、国土疆域、自然灾害等方面开展了大量工作。地理国情监测数据获取技术比较成熟，且获取手段多样，涵盖了航天、航空、低空、地面等多个层面和光学、雷达、LiDAR等多种方式，能及时获取不同空间、时间、光谱分辨率的遥感影像数据和地面调查数据，为地理国情监测提供丰富的数据源（Adam et al.，2021）。当前相关研究主要集中在全球变化、土地覆盖、土地利用、生态环境、自然灾害、地表沉降等领域，以科学研究为主，暂未形成清晰完整的技术标准。

（6）新一代信息技术的不断发展，为交通工程行业技术革新带来新的机遇。计算机技术的迅速发展及物联网、云计算等信息技术的广泛应用，为交通工程行业设计、建造和管养水平的进一步提升提供了基础。信息化和智能化水平将成为新形势下“交通工程”领域科技发展需要面对的重要命题。

随着信息化技术的迅速发展，信息的获取、传输、存储、处理、分析和显示在容量、速度和可靠性等方面有了大幅提升，推动交通工程领域向智能信息化方向发展，智能化技术在交通工程领域得到广泛应用。新一代信息技术与高速铁路技术的集成融合，实现了高速铁路智能建造、智能装备、智能运营水平全面提升。车辆智能化主要体现在自动驾驶技术的发展，新型电子控制技术，高精度地图及定位、传感技术，云计算和高性能芯片是自动驾驶的技术基础，多国车企及协会总结并发布了自动驾驶技术发展路线图。智能船舶技术发展正在提速，欧盟公布了推进自主航行船舶研发进程，宣称2025年实现自主航行商船全球运营；日本造船和航运企业在船舶智能航行方面形成了一系列先进技术；在船舶辅助决策、船舶智能能效管理、船队网络化管理等多方面的推动下，我国造船、航运等领域的企业联手科研院所及高校开展了一系列研究，“大智”和“明远”号分别成为世界首艘我国船级社和外国船级社联合授予智能船舶船级符号的商船和超大型矿砂船，中国船级社在智能船舶技术规范方面取得了多项成果。集装箱码头作业实现了现场无人化，智能港口技术应用不断向新领域延伸，航运交易平台化逐步普及，航运企业管理智能化和高度信息化步伐加快。人工智能、大数据分析等先进技术在空域运行的数字化、网络化、智能化管理中得到广泛应用，飞行器与空管系统之间的智慧化、常态化交互融合运行得到进一步发展。物流技术向数字化以及平台经济主导下的多主体协同合作的运输服务组织一体化发展。交通基础设施建设及运营过程中的生态保护得到重视，正在大力发展多式联运，实现公路、铁路、航空、水运、管道等多种运输方式的无缝衔接，着力提高铁路、水运运输在整个货运物流中的比例，多途径实现货运节能减排，注重以公共交通为导向的城市空间拓展模式（傅志寰和孙永福，2019）。现阶段，人们对便捷、高效、多样化交通出行的需求日益强烈，交通运输产业迫切需要实现能级跃迁，随着新一代信息技术的发展及其与实体经济的深度融合，智能交通迎来了前所未有的发展机遇。互联网、大数据、人工智能等新业态、新资源、新技术的出现，为智能交通的快速发展提供了机会和可能。

随着交通基础设施服役年限的增长及存量的增加，交通基础设施运营维护越来越受到重视。在健康和安全监测方面，国外学者提出了基于概率的结构健康监测方法，还提出将结构健康监测系统与结构实际交通荷载的称重测量相结合，进行疲劳损伤计算。伴随着材料、传感、计算机、通信、数据分析等信息技术的发展，结构健康监测技术应运而生，很快成为世界性的研究热点并得到了大量应用，有望成为传统管养技术的补充甚至替代性解决方案。近年来，基于人工智能技术、大数据技术的结构检测方法开始出现，图像识别技术被广泛应用于结构的裂缝检测、外观检测，可以实现裂缝检测的自动化（鲍跃全和李惠，2019）。国内外学者在结构状态评估的研究中取得了一定的进展，各国出台了相应的评估标准和规范。此外，为了克服评估过程中的不确定性及满足评估指标间均衡性的要求，研究人员积极引入系统工程的相关概念和理论。随着长期监测技术的广泛应用，监测数据也被用作结构评估的数据基础。近年来利用不断积累的监测大数据，本领域确立了结构健康监测数据科学与工程的研究方向，结合结构健康监测大数据系统地开展了机器学习和深度学习研究，深度学习方法通过建立数据驱动模型，直接从监测数据中挖掘评估结构状态的改变。为了解决其缺乏力学物理机制且可解释性差的问题，学者融合物理知识增强手段，建立了结构状态评估的可解释深度学习算法。基于全寿命周期和故障预测及健康管理的理念深入人心，领域逐步建成了综合检测与检测-科学评估-辅助维修的基础设施检测维修管理体制，采用多种手段保障运营安全。

高速铁路技术不断发展，高速铁路运行里程不断增加，基础设施建设不断成熟，向着更高速、更智能、更绿色、更安全发展。各国高速铁路运营速度及试验速度不断提升，我国高速铁路运营时速达到了 350 km，成为世界上唯一实现高速铁路时速 350 km 商业运营的国家；高速铁路运营里程突破 4 万 km，占世界高速铁路总里程的 2/3 以上；智能京张高速铁路投入运营，在世界上首次实现时速 350 km 高速列车自动驾驶；我国在高速铁路领域处于领跑地位。

（7）“智慧城市”领域正处于新型智慧城市建设的关键阶段，以为民服务全程全时、城市治理高效有序、数据开放共融共享、经济发展绿色开源、网络空间安全清朗为主要特征，追求的是更人本、更科学的新型智慧城市。“智慧城市”领域新阶段的发展需要认清现代城市的发展特点，厘清发展思路和建设路径。

世界上很多发达国家已将智慧城市升级为发展战略，奠定了智慧城市建设在刺激经济发展和建立长期竞争优势时的重要地位。新型智慧城市是更加融合、更加协调、更加全面的智慧城市建设模式，以便捷化的智慧生活、高端化的智慧经济、精细化的智慧治理和协同化的智慧政务等为建设重点（韦颜秋和李瑛，2019）。智慧城市建设新形态以创新发展、协调发展、共享融合为主要路径，为实现智慧城市建设新形态，智慧城市建设关键技术将与多学科、多领域深度融合，向促进城市感知实时化、集成空间化、表达动态化、决策科学化、管理智慧化方向发展（郭雨晖等，2019）。

城市感知技术的实现依托于物联网和传感器技术的发展。物联网和传感器构成智慧城市的神经系统，向控制实体传递关键信息，并将响应命令中继到适当的端点。城市泛在感知网络是实现复杂城市环境感知和数据获取的重要手段，是智慧城市实现“万物互联”的信息基础设施（Gabrys，2016），是结合相关领域知识融合挖掘各类感知数据、构建全空间全要素表达的虚拟城市环境、理解和表达“城市”复杂巨系统的载体。由于本领域在复杂城市环境的感知、融合与表达技术体系方面还存在不足，因此城市各类信息的及时准确感知、获取和表达是智慧城市建设的关键（Tyagi et al.，2020），而大数据分析是实现城市感知的重要辅助工具（Abolhassani et al.，2022）。日本利用城市感知技术打造了日本藤泽智慧生态城，智能的太阳能板、大型蓄电池和灯光调节传感器等智能感知设备都得到了有效应用。

数字孪生技术提供了反映城市物理层面真实情况的有效途径，是推动新型智慧城市建设和发展的重要工具（Liu et al.，2021）。映射是对感知获取的数据进行数字化表达与可视化的能力，是数字孪生城市底板构建的核心能力，通过大量的实体模型、事件模型等城市信息模型，可实现精准的现实城市与孪生城市的映射，对模型进行高逼真的仿真渲染，进而构建真实世界的镜像环境（Tao et al.，2019；Jones et al.，2020；Semeraro et al.，2021）。欧盟近年创设了“欧洲城市数字孪生”项目，通过开发和使用数字孪生技术，在比利时的法兰德地区、希腊的雅典、德国的黑伦贝格小城和捷克的皮尔森进行了数字孪生建设试点，以优化城市治理。

智慧治理平台的搭建是不同分支机构能够实时交流和共享数据的基础，以确保及时获得医疗、应急和交通等关键服务，从而实现以人为本的智慧化治理。韩国首尔建设的智慧城市交通系统（transport operation and information service，TOPIS），是一套能够对城市交通数据进行实时收集、反馈、分析、处理的综合性管理平台（Sohn et al.，2017）。TOPIS 的大数据收集终端囊括了该市 7 万多台出租车搭载的 GPS 设备、近 1 万台公交车及地铁站安装的公交卡读取设备，以及近 800 处监控摄像点。通过这些设备，首尔对市内约 1400 km 长的道路实现了实时监测，每天汇总约 2600 万条实时交通数据和 8500 万条公交卡读取信息，主干道设置了超过 300 块大型实时路况显示屏，播报实时路况和拥堵情况，便于民众避开拥堵路段。

第二节　面向 2040 年土木、水利与建筑领域工程科技发展趋势及影响

一、面向 2040 年中国土木、水利与建筑领域工程科技的发展方向和趋势

（1）“城市与建筑”领域将向绿色低碳和多领域深度交叉融合发展，并将在全球化背景下更加强调具有地域及文化特色的城市和乡村建设。

根据“城市与建筑”领域世界科技发展趋势，关注建设可持续发展的宜居城市。未来城市的生态将更加和谐，能源利用将高度清洁化，水资源利用将更加合理，空气将更加清新，居住功能与生态环境将更加协调。未来城市土地将更加节约，功能更加混合，呈现出科技与人文并重、与传统协调的发展格局。从宏观的城市规划到中观的城市设计，再到微观的建筑设计，绿色低碳的设计理念及与之配套的关键技术将成熟化、体系化。城市将充分利用地下、地面、空中三度空间。

绿色建筑和生态低碳城市将在未来很长一段时间继续成为世界城市和建筑发展的主流，同时更加强调高性能的综合品质提升。气候变

化和城市环境问题成为世界“城市与建筑”领域发展所面临的共同挑战，面向2040年，“城市与建筑”领域将进一步推动绿色低碳发展，持续提升环境质量，提升生态系统质量和稳定性，全面提高资源利用效率。世界城市呈现出城市群一体化发展的特征，“城市与建筑”领域在城乡统筹发展、基础设施互联互通、产业协调发展、共建生态文明、公共服务设施共享利用等方面正不断向深度和广度推进。

实施城市更新行动，注重文化保护，进行城市设计和风貌管控，落实适用、经济、绿色、美观的新时期建筑方针，加强新建高层建筑管控，强化建筑规划设计等是全球历史文化名城更新的主要趋势。地域和文化特色将成为全球化背景下世界各国“城市与建筑”领域发展追求的共同目标。全球化的持续发展将使世界更加扁平化，但另一方向的趋势同样具有重要意义，即对地域和文化的差异性与特色的尊重及强调。“城市与建筑”作为科学技术和人文社会交叉的领域，面向2040年的发展必将呈现两种既对立又统一的态势：一是在全球化背景下对具有学科共识的理念、方法和技术的运用，二是在设计创作和建设实践中对地域与文化特色的彰显。

实施乡村建设、平衡城乡建设水平将成为世界城市化进程中的另一个重要的趋势。普利兹克奖得主雷姆·库哈斯提出，在城市人口过度集中的当下，应当重新发现乡村价值。从城乡一体化视角来看，一方面，因地制宜、突出特色地建设美丽乡村，彰显乡村特色风貌，增强人口吸引力；另一方面，结合智能建造、互联网、物联网技术，利用丰富的土地资源，探索无人建筑在乡村的可行性，全面推进乡村振兴。面对众多不同地域、不同条件的村镇建设与改造，应建立广泛的数据库资源，进行统一的管理与协调。如今以互联网、计算机技术、云计算技术等新兴技术为基础的大数据时代已经到来，建立全面的综合数据库系统已经具备技术条件和知识储备，如何合理地、准确地、有效地构建村镇规划与建设改造的综合数据和管理平台是村镇建设下一步发展的关键核心技术，将会给未来的城乡建设提供科学性与逻辑性的分析和判断。

（2）土木工程行业将由高增量向高质量转型发展，新型材料对工程结构创新的推动作用将日益显著，“土木与材料”领域技术将向可持续、长寿化、智能化方向发展。

具有高性能、抗灾变、高耐久等优异特性的土木工程新材料需求日益突出。深空、深地、深海等战略工程对于保障国家战略安全意义重大，这些重大工程多处于高原高寒、高温差、高紫外线、盐雾等恶劣环境中，且工程建设环境复杂，后期运营养护困难，因此对工程材料提出了更加严苛的要求，亟须构建高性能、抗灾变、高耐久的新材料及与之相适应的工程结构体系，如纤维增强复合材料、高性能钢材、高性能水泥基材料等，并深入推进材料-结构一体化设计和工程结构全寿命周期设计理念。

建筑与基础设施全寿命周期智能化发展成为时代新需求。随着自动化技术、信息技术、机械技术与土木结构工程技术的深入融合，智能结构、智能设计、智能建造、智慧运维将迎来蓬勃发展。当前，具备主动自适应调控的智能结构已经从理念逐渐走向简单的工程构件，工程建造也从“建筑工业化”逐渐向“智能建造”迈进。随着新建土木工程进度放缓，大量在役结构的运行情况监测和性能提升受到越来越多的关注，因此既有建筑与基础设施的智能诊断与智慧运维将成为土木工程领域的重要议题。建筑与基础设施全寿命周期智能化需要材料-结构-信息化-智能化-机械-自动化等领域更广泛的交叉融合，多领域融合将为土木工程行业带来新的革命与突破。

（3）随着经济社会的发展，“水利与水资源”领域的科学技术在应对区域水资源分布不平衡、流域系统治理和协同保障体系构建等方面呈现新的发展趋势，未来水利与水资源将向智慧化、生态化和安全化方向发展。

水资源分布不平衡与经济社会发展不匹配推动了区域水网工程关键技术攻关与战略布局的发展。经济社会的快速发展和生活水平的不断提高，加剧了由部分地区水资源分布不均导致的水资源短缺等问题，推动了全球重大调水工程的进度，如美国的联邦中央河谷工程、加利福尼亚北水南调工程等，未来跨区域调水工程在解决水安全等方面的作用将逐渐增强。目前，区域水平衡机制、调水对生态社会环境的影响等关键方向的研究还不成熟，亟须突破区域水平衡机制和国家水网优化布局这一重大科学问题，为新时期治水实践提供关键支撑。

流域系统治理与保护是全球水利与水资源健康发展的迫切需求。世界发达国家在20世纪已经完成了水利基础建设和工业化的快速发展，在重点流域的保护和修复技术方面也积累了丰富的成果。不同国家的重要河流在经济社会发展过程中都经历了不同的开发利用与保护修复过程，但在经济社会快速发展、水资源高强度开发利用、水生态环境保护未能协同跟进、气候变化影响日益凸显等多种背景下，流域水资源失衡、水环境污染、水生态退化、水灾害频发问题突出。全球主要河流都经历过水失衡导致生态环境恶化的问题，未来需要从流域整体性和生态系统完整性出发，全面修复水生态系统功能，提升水资源和水环境承载力。突出水资源-水环境-水生态“三水”融合和健康水系统构建，开展顶层设计，通过基础理论研究、关键技术与装备研发、流域管理创新、典型区域和小流域集成示范，支撑流域水安全保障与治理能力的实质性提升，形成流域水系统治理范式，并进行推广应用。

水资源、粮食、能源和生态的不协调严重制约全球社会经济的发展，开展水-粮食-能源-生态联动关系分析与安全调控是未来全球关注的焦点。随着新型城镇化、工业化战略等的实施，国家水资源安全、粮食安全、能源安全与生态安全的协同保障越来越重要。构建以“平衡-转化-分配-调控”为基本科学链条的水-粮食-能源-生态知识体系，解析不同能源类型、主要粮食作物生产的需水特征，建立能源、土地分布与水资源禀赋的适配性评估技术方法，研究重要能源基地、主要粮食产区在不同发展水平、生产规模下的需水量及其对生态环境系统的影响，研究水-粮食-能源开发利用与生态系统的作用规律，揭示水-粮食-能源-生态多维要素协同关系与竞争机制，研发水-粮食-能源-生态协调发展规划技术，提出供需双向协调保障能源、粮食产业发展的应对策略，是未来协同发展的关键。

（4）“城市水安全”领域工程科技发展重点，包括城市饮用水全过程减碳、构建城市群和流域尺度的饮用水源保护体系。在“双碳”目标约束下，开展城市供水源头减碳工作。注重环境修复、源头治理，减轻饮用水厂的处理压力，减少多级工艺处理消耗的能源和化学品。城市水系统将由过程与末端治理转向源头治理与资源回收利用模式，实现投入向收益的转变，城市群尺度的水安全保障技术不断向绿色化、智能化的方向发展。

通过技术创新与合理规划，减少从源头到终端的能源消耗。从取水环节减少长距离输水导致的能源消耗，并提倡城市饮用水供水部门适应气候变化带来的影响，更要引导城市饮用水供水部门为实现“双碳”目标进行政策、技术和管理方面的发展规划。城市饮用水供水部门可以有针对性地选择适用于现有水厂水质的高效低碳节能新技术对水厂进行升级改造，改进以往粗放的处理方式，杜绝以能耗换水质。引入非常规水源，增加工业生产中再生水和海水淡化水的使用比例，满足现有用水的需求。借助互联网思维，全过程监测从取水到输配整个过程，通过智能化综合分析和监测预警，减少设备损耗和水质污染。通过每个环节的精细控制，确保城市饮用水处理整体实现碳减排，在保障饮用水安全的情况下发掘水源—处理—供水全过程的减碳潜力。

构建城市群和流域尺度的饮用水源保护体系。传统的饮用水源保护侧重于取水口周围区域的污染控制，通过设立饮用水源保护区，监测饮用水源的污染物情况。但由于城市群环境中饮用水源污染因素繁多，未来需要从流域尺度及城市群范围进行饮用水源生态保护。考虑到城市热岛效应和城市温室气体排放等控制因素，需要严格控制超大型城市的建设，推进卫星城建设。在城市群中设立足够的生态缓冲区，以利于防洪、生态调蓄、温室气体消纳和生物多样性保护。加强城市群内部和周围区域的生态净化功能建设，建立负碳功能区域，缓冲城市温室气体排放造成的城市热岛效应。设立严格的饮用水源保护区，提高水源水质的安全保障率。加强水的自然贮存，提升自然净化功能。建立完善的节水政策，发展节水技术，大力开发非传统水资源，开发城市生活污水回用于农业、工业和生态的技术体系，开发城市生活污水直接回用于饮用水的高级处理技术体系。通过基于城市供水系统的全寿命周期的温室气体排放和安全可靠度综合评估，确定解决城市供水问题的最优工程解决方案。

（5）测绘科学技术将进入全球服务新时代。测绘科学技术应用正从区域走向全球，从专业应用走向大众服务，“测绘与区域发展”领域将朝着智能化、集成化和实用化方向发展。

随着测绘地理信息数据获取能力、处理能力、管理能力、应用能力等的快速提升，信息化测绘时代逐步向智能化测绘时代迈进。智能化测绘体系的建立，将推动测绘数据获取、处理与服务的技术升级，从基于传统测量仪器的几何信息获取拓展到泛在智能传感器支撑的动态感知，从以模型、算法为主的数据处理转变为以知识为引导、算法为基础的混合型智能计算范式，从平台式数据信息服务上升为在线智能知识服务。在云计算、物联网、大数据、人工智能等新一代信息技术的快速发展和推动下，测绘地理信息处理与管理正向自动化、智能化发展。在互联网和大数据时代，人们对地理要素变化规律的科学认知、地理过程变化的模拟能力显著增强。遥感数据快速处理系统不断出现，基于网格计算、云计算的地理模拟技术和智能化技术成为发展趋势。智能化测绘的特征是跨界融合、泛在感知、智能自主和精准服务，在精细化城市三维模型智能生产、城市基础设施健康诊断、遥感影像人工智能协同解译等方面具有极大的应用价值。

为了提高卫星测量效率和数据处理效率，同时也为了提高地球空间多要素感知的时间分辨率和空间分辨率，测绘卫星将向载荷集成型、小卫星密集组网型和智能型方向发展。提高集成型和密集组网型测绘卫星的效率，必须解决卫星的数据采集、数据传输和数据处理的效率问题。因此，智能型测绘卫星的发展成为必然趋势。第一，卫星将具备智能感知功能；第二，卫星可以预载高精度测绘装备，各载荷要具备智能识别新获取影像、智能存储、智能传输能力；第三，可以在智能观测的基础上，实现星上智能处理；第四，卫星将具备智能防碰撞功能，实现自我报警、自我变轨、自我避障；第五，运载火箭将具备火箭残骸自动跟踪功能，甚至具备对火箭落点实施控制的能力，降低火箭残骸落点的不确定性。为此，未来需要着重发展的技术包括星上观测智能识别技术、星上观测智能存储技术、星上观测数据的星间智能传输与星地智能传输技术、星上和地面智能数据处理技术、卫星的智能避障和智能报警技术等。

测绘遥感是一个与人工智能密切相关的领域，在人工智能领域迅速发展的大环境下，测绘遥感学科既有很好的发展机遇，也面临很大的挑战。机器学习，特别是最近几年快速发展的深度学习，在机器视觉、模式识别、语音理解等方面得到广泛有效的应用，在摄影测量与遥感领域也得到了广泛应用。认知与推理是一种更广义的智能，在时空大数据挖掘和智慧城市等方面将大有用武之地。人工智能时代的测绘科技发展以实时精准时空感控为特征，旨在实现陆海天空网一体化、室内外一体化，以及实现人与物理世界及虚拟网络世界交互的感知、探测、认知和调控。由此，智能时代的全球空间信息基础设施将成为世界各国信息控制权的战略性资源。随着全球测绘基准的统一、网络化对地观测系统的完善，Geo+泛在地理信息技术的服务能力显著增强，有望催生出万亿级地理信息服务产业，为各行各业赋能增效，从而推动区域经济高质量发展。

（6）“交通工程”领域将由单一平面向综合立体交通发展，新一代智能信息技术、高性能绿色材料技术等将对交通工程发展起到巨大的推动作用，未来交通工程的系统融合性将进一步提高、基础设施向着

“安全、智能、绿色”的方向发展。

综合交通要求交通工程和服务模式与交通工具融合发展。随着经济社会的发展，综合交通运输体系不断完善，但是各种运输方式间以及区域间交通发展不协调问题仍然突出。多层次、多样化、个性化的出行需求和小批量、高价值、分散化、快速化的货运需求特征日益明显，交通网络建设面临的资源环境要素供给日趋紧张。上述问题都要求进一步推进综合交通的融合发展，提升区域综合交通网络智能化协同管控水平，构建数字化、网络化、智能化、绿色化的综合交通运输系统。统筹综合交通及其与通信、能源、水利等基础设施通道规划建设，推进新建综合客运枢纽各种运输方式集中布局、既有综合客运枢纽整合一体化规划建设改造。交通工具的创新发展对交通基础设施一体化、智能化等提出了新的要求，交通基础设施要满足高速磁浮线路与高速铁路网的互联互通，为跨水系通航做好基础设施互联互通，为自动驾驶和车路协同预留智能化改造条件，为全球智能船舶做好港口码头的智能化升级。

高质量交通工程的安全、智能、绿色化水平将进一步提升。交通运输安全风险预警、防控机制和能力建设将进一步增强。进行交通基础设施预防性养护、安全评估，加强长期性能观测，完善数据采集、检测诊断、维修处置技术体系及运营管理体系。实现卫星通信技术、新一代通信技术、高分遥感卫星、人工智能等的行业应用，与新建和既有交通基础设施的深度融合，并构建综合交通大数据中心体系和信息平台，推进交通基础设施数字化、网络化。强化高性能工程材料及其循环利用技术在既有基础设施中的应用，交通基础设施绿色化建养技术及建材水平将进一步提升。

交通基础设施安全保障与延寿技术得到进一步发展及应用。为了适应交通基础设施规模庞大、未来发展重点逐步从新建转向既有线路改造升级和运营维护的趋势，从安全、寿命、效能、成本、智能等方面，须进行交通基础设施服役性能优化和提升技术研究。交通基础设施全息化智能感知、快速辨识、风险评估、预警和处置以及服役状态快速感知和评估、性能保持与恢复、功能提升等相关技术进一步发展，基础设施全寿命周期综合评估与保障技术体系形成。基础设施长寿命结构材料、混凝土材料、功能提升材料等绿色材料得到进一步应用。大数据、虚拟现实、机器人全自动养护技术大力发展。综合性枢纽基础设施优化与改造技术进一步提升，提高载运工具运营速度和基础设施载重水平，提升线路等级，显著改善交通基础设施、载运工具、运行系统服务能力。交通系统全寿命周期运营成本控制技术全面提升，形成包括核心技术、关键装备、集成应用与标准规范在内的成果体系。

以轮轨高速铁路、磁浮铁路为代表的新一代轨道交通工程技术将大力发展。当前，在全球范围内兴起了以信息网络、智能制造、新能源和新材料为代表的新一轮技术创造浪潮，轨道运输技术装备领域孕育着新一轮全方位的变革。高速铁路技术将向智能、绿色、更高速度方向发展，高速铁路技术体系和技术经济性全面提升，强化安全保障和灾害预警控制，进一步突破轮轨高速铁路极限运营速度，创新突破高速磁浮铁路成套技术。届时，轮轨高速铁路网运营向着时速400 km提升，时速250 km高速货运铁路线路、时速600 km高速磁浮铁路、时速1000 km低真空管道磁浮技术迈向工程化应用阶段。

（7）随着视觉感知、大数据计算和数据人工智能的飞速发展，“智慧城市”领域关键技术将与多学科、多领域深度融合，向促进城市感知实时化、集成空间化、表达动态化、决策科学化、管理智慧化方向发展，特别关注以人为本的城市功能优化与综合能力提升。

复杂城市环境的全面感知与透彻表达将成为解决城市问题的关键。为了实现对复杂城市环境的全面感知和透彻表达，实时、全面、透彻地掌握城市运行的状态，在城市范围内建立多重综合智能的泛在感知网络是本领域的重要发展方向。泛在感知网络作为一种能够实现人与人、人与机器、人与物、物与物之间直接沟通的泛在网络架构，通过各类传感器网络可同时对现实物理世界和虚拟网络世界进行感知，建立全数字平台，实现城市环境、规划方案、建筑设计、设施配置、路网布局以及各类城市空间决策的模拟、仿真与优化，成为解决城市问题的关键技术之一。

大数据计算与智能分析是智慧城市建设的重要支撑。5G等移动通信高速体验为智慧城市应用推广奠定了良好基础，智慧城市数据中心建设均加入了云计算技术，通过数据中心的云建设，加快提升数据中心海量数据的支撑能力。城市可以使用诸如机器学习、深度学习、计算机视觉和自然语言处理之类的人工智能技术，从而节省资金并为城市居民提供便利。大数据和人工智能驱动的城市问题解决方案可以减少交通拥堵、改善城市环境，以及提高政府服务效率等。

以人为本的城市功能优化与提升将成为城市发展的主要任务。未来城市发展将更注重倾听群众声音、汇聚群众意见，真正了解群众的需求。对城市内人类行为活动进行感知、认知、客观分析和科学预判也是重要趋势。以城市自身特性为基础，以城市发展定位为目标，充分考虑人们的需求，结合人类行为活动规律和趋势，不断提升城市管理能力、改善城市管理方式、优化城市布局、提升城市功能，最终实现城市与人的和谐发展、智慧发展。

多学科、多领域深度融合助推智慧城市建设和支撑技术创新。智慧城市建设工程科技关键技术呈现出显著的精细化与智能化的发展趋势，多交叉学科的深入融合将为未来的智慧城市建设注入新的活力：城市泛在感知网络及其集成整合与数据挖掘技术，将为获取城市运行状态的第一手数据资料提供支持，为智慧城市的应用分析提供数据保障；虚拟城市环境实时构建与动态表达技术，将为实现城市行为和状态的集成表达、推演预测、评估调控提供新的模式，为利用地理知识理解城市海量数据和演化机制开辟道路；城市土地资源立体化利用管理技术，将为城市土地资源节约集约利用和城市可持续发展提供理论指导与技术支撑；大数据技术将为研究城市人类行为轨迹、社会关系、创新能力、运行态势等提供新的模式。此外，在与云计算、人工智能、移动计算、物联网、“互联网+”等新兴领域的广泛合作中催生出一系列全新的技术增长点，这将成为未来智慧城市相关领域科技进步的不竭动力。

二、2040年世界相关领域经济社会发展状况

（1）世界主要发达国家“城市与建筑”领域的发展将保持稳中求优与求新的态势，中国“城市与建筑”领域的发展将由高速增长转向增量发展与存量更新的结合。

“城市与建筑”领域将在未来经济社会发展中继续扮演重要角色。至2040年，社会发展面临劳动力成本增加、老龄化、环境治理压力大等挑战。在这样的经济社会发展大背景下，“城市与建筑”领域除创造GDP与就业岗位外，还将在节能环保、繁荣文化、推动和谐社会构建、满足人民对美好生活的向往方面发挥举足轻重的作用。

环境、能源、资源的压力和劳动力成本上升将促使与建筑相关产业不断以绿色低碳、工业化和精细化为目标转型升级。环境、能源、资源的压力是世界各国普遍面临的问题。劳动力成本上升倒逼城市与建筑相关产业转型升级。因此，面向2040年，城市与建筑相关产业将在绿色低碳理念的引领下不断推陈出新，寻求转型升级，促进生态文明建设。在此过程中，工业化是有效手段，精细化是必然要求。经过多年的持续发展，粗放式手工劳动在城市与建筑相关产业中的占比不断下降，信息化、机械化、智能化的生产将成为主流。

“城市与建筑”领域的创新将在彰显历史文化特色等国家软实力方面继续做出重大贡献。城市与建筑不仅是单纯的物质产品，同时也是人类传承文化和创造美的重要载体，一些经典建筑甚至成为一座城市乃至一个国家的象征与形象符号。面向2040年，我国城镇建设中地域特色的缺失、千城一面、建筑设计盲目崇洋媚外、文化遗产破坏严重等困局应得到解决。城市与其建筑的形象和内涵作为软实力的重要组

成部分，将成为代表中国面向世界的一扇窗口，彰显不同于西方但同样伟大的东方历史与文化。这就要求“城市与建筑”领域在发展硬技术的同时，重视软性的理论、思想和方法的创新。

（2）土木工程行业将向高质量、低排放方向发展，基础设施服役安全诊断与运维将成为城市发展中的重要议题，“土木与材料”领域将与其他领域先进技术交叉融合，主要呈现工业化、自动化、智能化的特征。

全球气候变暖将推动土木工程行业向高质量、低排放方向发展，绿色低碳建材将在其中发挥重要作用。全球生态环境持续恶化，节能减排将是未来社会发展的主要议题，建筑业作为碳排放占比较大的行业，将在转型升级压力下由过去的规模化粗放型发展快速转向精细化高质量发展，产业链、价值链将全面升级，在技术、工艺、装备、产品等各方面创新升级的领先企业将得到更好的发展机遇，具备更强的市场竞争力。建材生产阶段的碳排放占建筑业碳排放比重超过一半，建材制造产业将向绿色化、低碳化的高质量发展模式转变，建材范围将大幅扩展，节能环保低碳的新型建材将快速发展，以适应可持续发展要求。

城镇化建设增速放缓，城市发展转向以内涵品质提升与存量更新为主的营造管理主题。预计到2040年，土木工程将进入以高效服役运维为主要需求的新阶段，土木工程将融合材料、计算机、自动化等多学科的最新技术，实现以广域、多维、全时为特征的基础设施服役安全智能诊断与性能提升，各类基础设施的服役寿命将有效延长，服役性能将大幅提升，结构抵御严重自然灾害的能力将明显增强，各类安全事故发生率将显著降低，人民生命财产安全将得到更加切实可靠的保障。

随着人口老龄化程度加深和劳动力数量短缺，土木工程行业逐渐趋于工业化、自动化、智能化。面向2040年，人口增长势能明显减弱，人口结构老龄化趋势更加明显。劳动力结构性短缺和劳动力成本上升产生的工程科技需求将加速推动土木工程行业的系统变革。自动化、信息化等新兴技术是未来解决这一问题的有效方式之一。随着与其他领域先进技术的深度交叉融合，预计到2040年，部品部件体系智能深化设计、高效自动化生产、现场自动化安装和智能化组织管理、建筑体系标准化将成为建筑领域新业态，劳动生产效率将大幅提升，建设速度将显著加快，工程成本将逐步降低，工程质量将更加可控。

（3）水资源问题是一个全球性的问题，世界上许多发达国家在水资源安全保障方面也曾面临突出的挑战，开展了大量的科学探索和治理实践。

新技术发展与气候变化等因素对水利与水资源的影响加剧。当今世界新一轮科技革命和产业变革正向纵深推进，全方位改变着人类经济与社会形态。基础科学不断向宇观、微观和极端条件等多极化方向拓展，需求导向的应用基础研究日益活跃，新兴交叉学科不断涌现。新一代生物与信息技术持续突破，人工智能、移动互联、大数据、云计算、区块链等成为引领智能化变革的主导力量，科技创新的平台化、网络化、生态化趋势显现。新材料、先进制造、新能源等技术正在引发工业基础的深刻变革，重大颠覆性技术推进系列产业变革，空天、海洋、极地等的相关技术不断拓展。科技创新进入大融合时代，学科交叉渗透、技术汇聚集成、创新周期缩短、产学研用深度融合。数据与场景驱动加速科技创新范式变革，重大科学发现更加依赖重大科技基础设施、国家战略科技力量以及大团队协同攻关。气候变化等自然因素影响与城镇化、工业化等人类社会活动双重驱动下的人水相适、生态友好、社会协同、多学科交叉、系统性研究、智慧化监管已成为贯穿水资源管理、水生态保护、水环境修复、水灾害防御以及水工程建管的核心链条。

世界人口增长、经济社会发展和地缘政治格局演变等复杂外部因素对“水利与水资源”领域发展提出了更高要求。从国际上来看，全球气候变化和以人口增长、城市化为主要特征的人类活动正在持续对自然水文循环产生强烈干扰，开展水文水资源与气候变化、经济社会系统的交叉研究成为当前研究的难点和热点，在人-水耦合系统的复杂反馈机制以及社会水文学的数学表述方面有待深化。根据联合国的预计，未来人口将从目前的 80 亿人增至 2050 年的 97 亿人，并可能在 21 世纪 80 年代中期达到近 104 亿人的峰值，新兴经济体国家工业化推动全球水资源消耗高位运行，全球多极化及复杂地缘政治格局导致水资源竞争常态化，绿色智能是实现水利与水资源高质量可持续发展的必由之路，科技创新和技术进步正在重塑世界水资源发展的新格局。

（4）人口逐渐增多、经济迅猛发展、城市面积扩大并发展成城市群，导致对水资源的需求持续增加，在全球气候变化背景下，未来“城市水安全”领域将呈现低碳、可持续的主要特征。

水和能源是必不可少的两种资源，两者存在内在联系，而水资源和能源短缺情况日益严重。随着社会发展、工业进步、人口的快速增长、城市化进程的加快，城市人口数量和密度都在持续增长。2022 年，全球有超过 57%的人口居住在城市；预计到 2050 年，全球 68%的人口将生活在城市地区（UN-Habitat，2022）。伴随城市人口增长、城市规模不断扩张，大量资源需求逐步集中在城市，城市水资源需求量也不断增加。城市供水在城市地区的能源消耗总量中占比很大，据 2023 年《世界能源统计年鉴》估计，世界能源的 2%—3%用于城市引水、地区原水的提升、城市饮用水处理及输配供应。与城市饮用水有关的碳排放主要来源于电力消耗，且逐年攀升。特别是城市呈现连片发展的趋势，由单一城市向城市群方向扩张，虽然促进了经济的快速发展，但缺水问题更为突出，伴随而来的城市生态环境问题也严重影响城市供水水质。城市供水不仅在水处理过程和输配过程中消耗大量能源，释放温室气体，为满足更多用户需水量和更好的水质需求，很多地区还不得不跨流域调水，从全寿命周期角度来看长距离引水在建设和运营维护上均产生了相应碳足迹。

构建科学完善的源头水质保护体系。从水源的选择开始降低饮用水处理难度。地表水型水源应避开石油化工、垃圾填埋场、危险品存储地、大型工业区等可能存在水源污染的区域。开发其他备用水源，通过分布式基础设施建设实行分片供水，减少输送过程可能产生的污染、泄漏损耗和能耗。严格控制高风险污染物排放到饮用水源。对于地下型水源来说，地下水污染扩散速度慢、隐蔽性强、恢复难度大，因此还需要严格控制高浓度废水向地下回灌，对受污染地下水源应及早发现、尽早修复，一旦污染物扩散修复难度极大，成本极高。对水库或湖泊水源应重视入湖（库）河流水质控制，特别是磷及其他营养物质。谨防营养物质通过混合垃圾焚烧、农业施肥等途径进入城市水源。作为饮用水源的水体应控制发展养殖、旅游。畜牧养殖产业应加强循环经济发展规划，发展废物资源化、能源化利用和水循环利用等技术。

（5）测绘技术领域将向多元应用、提质增效的方向发展，提高空间服务效率和实现产业转型成为城市发展中的重要议题，测绘技术产业将与其他领域先进技术交叉融合，呈现高效化和应用化的主要特征。

全球气候问题和“双碳”目标的设立，将推动测绘技术领域向绿色低碳的方向发展，新一代碳卫星遥感监测与绿色发展诊断优化技术将在其中发挥重要作用。面向2040年，全球应对气候问题和实现“双碳”目标的需求不断增加。卫星遥感对地观测技术能够定量化监测跟踪以及精细化核查评估碳排放与吸收的过程、影响范围和异常情况，是实现碳监测并逐步建立系统的碳收支监测、计量、报告、评估、检验标准体系的重要技术手段。预计到2040年，测绘技术的发展将支撑更精准和更智能的碳监测与管理，实现更科学的绿色发展诊断和优化。

随着城镇化速度放缓，测绘技术将更加注重提升空间服务效率。空间进入、利用和控制技术成为空间科技竞争的焦点。随着天基与地基相结合的观测系统、大尺度星座观测体系等立体和全局性观测网络的应用，人类对地观测、全球定位与导航、深空探测、综合信息利用能力有效提升，地质勘探技术和装备研制技术不断升级。预计到2040年，地球将更加透明，人类对地球深部结构和资源的认识将日益深化，为开辟新的资源能源提供条件。新的民用和军用太空工业将会出现，卫星系统更智能、成本更低，遥感、通信、环境监测等能力得以提升，空间服务效率将大大提高。

（6）新一轮科技革命和产业变革加速演进，学科交叉融合不断发展，科学技术和经济社会发展加速渗透融合，传统交通工程将与新一代信息技术和人工智能技术深度融合，更加注重各种交通方式一体化融合发展，“安全、智能、绿色”成为“交通工程”领域未来的方向发展。

随着未来交通的不断发展，其安全也将面临新的风险和挑战，诸如综合交通基础设施韧性不足，新型交通系统、新型运载装备可能带来的安全风险等问题。因此，未来应提高交通基础设施建养水平，促进交通运输一体化协同保障交通运输安全。预计 2040 年左右，交通基础设施建管养水平现代化和抗灾能力将明显提升，基础设施寿命明显变长。从单纯关注交通基础设施质量转向整合所有交通方式，对公共安全风险做出及时动态响应。形成适应社会经济发展需求的交通运输系统安全综合治理和防控体系，交通基础设施韧性、载运工具可靠性、交通运行控制智能化水平不断提升。全球范围的交通安全应急救助更加健全。

信息化不断推进为交通工程行业技术革新带来新的机遇。随着计算机技术的迅速发展及物联网、云计算等信息技术的广泛应用，综合交通工程科技领域孕育着一批具有重大产业变革前景的颠覆性技术。预计 2040 年左右，新一代信息技术的深度应用与跨界融合，将推动综合交通运输生产方式和发展模式的革命性变化。综合交通基础设施、运输工具、运行管理与服务都将在新一代信息技术的深入渗透下催生出新业态、新格局。陆海空交通资源将在信息技术的支持下全面整合，形成信息共享、资源协调、优势互补的网联化、协同化、智慧化立体综合交通系统；运载工具快速向智能化方向转型，无人驾驶、遥控驾驶、空地一体化立体交通等新型交通系统不断涌现，并逐渐进入公众日常生活；移动互联网和大数据技术有效支撑综合交通信息的获取、交互、融合与决策，同一交通方式的系统要素之间协调组织，不同交通方式之间互联互通、综合协同，交通运输行业的服务品质和科学治理能力全面提升。

全社会更加注重生命安全保障、生态环境保护。生态文明建设要求完善交通文化以满足人们对公平与正义的需要。随着经济社会发展水平的提高，人们对生态文明的关注程度大大提升，对交通运输的文化建设和生态文明要求也会更高。全社会更加注重生命安全保障、生态环境保护，更为关注交通运输发展对于社会公平与正义的影响。预计到2040年，基本实现交通基础设施的绿色建设、绿色使用和绿色养护等全寿命全环节绿色化。区域间及群体间交通差距进一步缩小，实现交通基础设施与服务的一体化、均等化。世界主要经济体基本建成结构合理、集约高效、节能环保、以人为本的绿色综合立体交通运输体系。

（7）“智慧城市”领域将向以人为本的方向发展，以构建新型智慧城市和搭建数字孪生城市为重点，智慧城市产业将与其他领域先进技术交叉融合，主要呈现数字化、智能化、人本化的特征。

随着人口向大城市群集聚，新型智慧城市建设引领的信息化发展越发重要。面向2040年，城镇化水平仍将不断提高，智慧城市治理需求也将不断增加，但两者的增速都将逐渐放缓。城市化不断推进，使得人口随着产业发展持续向大都市圈集聚。城市群已日益成为全球新型城镇化的主体形态，并以此逐步形成大中小城市和小城镇协调发展的城镇格局，这一趋势对全面开展智慧城市治理提出了更高的要求。预计到2040年，智慧城市将在完善城市信息模型平台和运行管理服务平台，构建城市数据资源体系，推进城市数据大脑建设，探索数字孪生城市建设等方面发挥重要作用。

随着数字化发展的加速，全球将以数字化转型整体驱动生产方式、生活方式和治理方式变革，信息技术渗透更加广泛，建设新型智慧城市全面覆盖城市生活将成为常态。以人工智能、物联网、云计算、大数据等为代表的新一代信息技术正蓬勃发展，信息网络技术驱动了数字经济和数字社会的到来，深刻地影响着人们的生活和生产方式。

预计到2040年，所有的智能传感器都将接入互联网。人类活动将全面数据化，云计算为数据的大规模生产、分享和应用提供基础。无时不在、无处不在的信息网络环境，对人们的交流、教育、交通、通信、医疗、物流和金融等各种工作和生活需求做出全方位、及时的智能响应。

未来，人口老龄化程度加深，劳动力数量短缺，因此，智慧城市建设须注重人本化发展。人口老龄化是全球社会发展的重要趋势，也是当下最为显著的不可逆转的时代特征，发达国家已经进入老龄社会，发展中国家正在步入老龄社会。面向2040年，人口增长势能明显减弱，结构老龄化趋势更加明显。在个性化定制和高质量服务方面的巨大需求下，积极应对人口老龄化，构建老年友好型社会，结合新型智慧城市建设，探索智慧化适老方案是解决这一问题的有效方式之一。随着与其他领域先进技术的深度交叉融合，预计到2040年，新型智慧城市的建设将能够应对人口老龄化数量多、速度快、差异大的形势，推动智慧化、数字化老龄生活基础设施建设，保障丰富的智慧老龄产品与服务，在交通出行、数字生活、数字医疗等领域，实现社会整体的智慧化。

第二章　2040年中国土木、水利与建筑领域科技和社会发展愿景及需求

第一节　2040年中国土木、水利与建筑领域经济社会发展预测分析

一、2040年本领域经济社会情景预测

（1）“双碳”目标、新型城镇化国家战略等为“城市与建筑”领域的可持续发展提供了关键引领；同时，“城市与建筑”领域的科技创新是这些目标得以实现的重要保障和支撑。

中高速发展的新型城镇化对“城市与建筑”领域的工程科技有强烈的需求。2022年，我国城镇化率约为65%，至2040年预计将超过75%。因此，在未来很长一段时间里，我国城镇化将以中高速发展，对“城市与建筑”领域的工程科技仍然有持续的强劲的需求。一方面，新城、镇、区的规划设计和建设任务继续大量存在；另一方面，城市更新与功能提升的比重将稳步加大。乡村建设的重要性日益凸显，住宅产业平稳发展，新建建筑和建筑改造的需求仍然巨大。这些经济社会发展的基本格局决定了“城市与建筑”领域的需求仍将比较旺盛。同时，迅速扩张的城镇化将转向量与质并重的阶段，以绿色生态为目标，追求高品质人居环境，强调文化特色将成为“城市与建筑”领域科技发展和建设实践的方向。

“城市与建筑”领域是实现绿色低碳社会的重要领域，也是创造高

品质人居环境的主要领域，相关工程科技发展的潜力巨大。“城市与建筑”领域消耗的能源资源及产生的排放巨大，是实现绿色低碳社会的重要领域。面向 2040 年，我国的总体经济社会发展要求“城市与建筑”领域走资源节约和环境友好的道路。同时，创造高品质人居环境也主要依赖于“城市与建筑”领域。为了实现这些战略目标，“城市与建筑”领域的工程科技必须提出有效的策略，在现有理论、方法和技术的基础上坚持创新发展，为我国实现绿色低碳的总体目标做出应有的贡献。

不同于纯粹的工程技术学科，“城市与建筑”领域兼具科技属性和人文属性。“城市与建筑”领域需要在增强硬实力的同时提升软实力。一方面，吸收国际相关学科发展的最新成果和经验；另一方面，结合中国自身特点提出可与世界发达国家平等对话的思想和理论体系，并以之指导城市的规划设计及建筑建设。

（2）全球气候变化与“双碳”目标迫使土木工程材料与结构向绿色低碳路径转型，人口老龄化趋势与信息技术发展推动新型建筑工业化和智能建造、智慧运维技术加速升级。

土木工程是直接面向经济社会发展的科学技术，对人居环境、城镇化进程乃至社会可持续发展产生深刻影响。面向 2040 年，“土木与材料”领域科技与产业将与国家经济社会发展的总体态势和重大战略密切相关，具体表现为如下发展情景。

“双碳”目标对土木工程绿色低碳材料与技术提出更高要求。本书课题组对我国城镇化发展走势的预测显示，2020—2040 年我国城镇化率仍将以每年 1 个百分点左右的速度增长，至 2040 年我国城镇化率将超过 75%，城市化进程中在环境方面的压力促使我国城市建设向绿色低碳路径转型。因此，低碳耐久型土木工程材料，绿色建筑，风能、核能、太阳能等清洁能源配套基础设施，资源节约和环境友好的工程建设新技术以及服役结构的高质量运维与提升技术将成为面向 2040 年土木工程科技发展中需要突破和创新的重要方向。

人口老龄化推动土木工程由劳动密集型向工业化、自动化、智能化方向发展。随着人口老龄化和劳动力结构性短缺问题日趋显著，劳动力价格将不断攀升，从而推动土木工程行业的转型升级。同时，我国居民受教育水平仍将持续上升，从而为高质量的产业工人的培育提供基础。未来土木工程行业发展逐渐向依托科技进步和产业升级的高质量发展模式转型，新型建筑工业化和智能建造技术加速升级将是建筑业不可逆转的趋势。

新一代信息技术渗透融合推动基础设施智能诊断和智慧运维加速发展。过去几十年我国基础设施建设迅猛发展，未来海量的基础设施将进入服役中后期，面临各种环境劣化风险和自然灾害威胁，基础设施服役性能高效、精准、全面的诊断和运营维护将是土木工程领域面临的重大挑战。因此，充分利用大数据、人工智能等新兴技术，推动基础设施的运营与维护技术向数字化、智能化转型升级，构建建筑与基础设施智能化运营管理体系，将成为保障既有基础设施安全运行的必然趋势。

（3）全球正经历百年未有之大变局，新一轮科技革命和产业变革深入发展。我国正处在世界新一轮科技革命与我国转变发展方式的历史性交汇期，加强新一代信息技术与材料和“水利与水资源”领域的深度融合势在必行，智慧化、生态化和安全化是“水利与水资源”领域发展的主流趋势。

“水利与水资源”作为支撑我国经济发展的基础性领域，需要积极面向世界科技前沿、面向经济主战场、面向国家重大需求、面向人民生命健康开展系统性创新研究，具体表现为如下发展情景。

新一轮技术革命的发展情景下，构建水资源优化配置与经济社会发展需求相适应的高效保障体系，是新阶段我国“水利与水资源”领域发展的迫切需求。落实中央新时期治水思路，以国家区域协调发展战略和国土空间规划为纲领，以国土空间规划确定的不同区域主体功能定位与生态空间管控要求为基础，持续开展国家智能水网工程，并利用人工智能、移动互联、数字孪生、大数据云计算、区块链等新一代信息技术，引领智能化变革，强化顶层设计、科技攻关和系统研发。

新时期水利工作应遵循由工程水利到生态水利的转变思路，坚持绿色可持续发展。针对水生态文明建设的要求，构建面向健康生态系统的水资源“量-质-生态-效益”联合配置体系，着重解决我国长江、黄河等重点流域的生态环境问题，以及频发的区域地下水污染、华北地区地下水大面积超采等问题，加强生态环境系统修复研究，助力美丽中国建设。

基于我国水资源本底条件，利用新一代信息技术，提高重点缺水区域的水资源安全保障能力。未来海河、黄河、西辽河等北方缺水河流流域的水资源还可能进一步减少，而粮食安全保障、城镇化和工业化的用水需求仍会有一定幅度的增长，同时水资源开发总量和强度约束将进一步增强，我国水资源安全保障面临持续挑战。

（4）全球气候变化与“双碳”目标对城市供水系统提出了新的挑战，低碳、可持续将是未来城市水系统的主要典型特征，“城市水安全”领域具体表现为如下发展情景。

全球气候变化是保障城市水安全的重大挑战。较高的水温和极端自然灾害事件（包括洪水和干旱）会影响水质并带来多种形式的水污染（如沉积物、营养物质、溶解性有机碳、病原体、杀虫剂和盐的污染以及热污染），并对生态系统、人类健康和供水系统可靠性和运行成本带来负面的影响。受气候变化影响，水资源分布不均问题可能愈发严重。我国处于东亚季风区，未来西太平洋副热带高压将会增强，意味着季风降水更多，气候变化、城市热岛效应等因素导致洪水和强降雨更加频繁。对我国农村地区来说，由于缺乏对雨水的调蓄和阻流措施，对极端降雨的缓冲能力不足，容易大面积汇流形成洪水。对城市来说，由于城市在规划与建设过程中缺乏从城市群角度进行整体布局，城市建设会占用自然排洪通道，城市规划过程中对气候变化影响降雨的考虑不足，导致城市内涝灾害频率增高。特别是从单一城市向城市群发展的过程中，原有基础设施设计负荷可能会出现瓶颈区域。例如，原有排水系统的通洪能力难以适应城市群新布局的排洪需求，导致内涝灾害的发生。洪涝期间自来水厂无法正常生产或供水基础设施受损，无法及时对原水进行有效处理。在强降雨或洪水期间，进入水处理设施的水质变差、水量增加，对混凝沉淀以及过滤效果有很大影响。洪水过境时原水中悬浮物增加，地表径流携带更多污染物进入水源。同时洪水中通常卷入污水、粪便、动物尸体等，造成水源受到微生物污染，增加水源性疾病和介水传染病的发病率。携带大量溶解性有机物的原水在氯化消毒过程中会增加氯的消耗量，导致出水的余氯降低，有害副产物增多。如果溶解性有机物去除不彻底，将会导致大肠菌群和耐药菌在供水管网中滋生。洪水频率的增高和城市人口密度的增加也将导致更多人暴露于受污染的饮用水。

“双碳”目标对城市水系统提出了新的要求，城市终端用户的用水量越大，长距离引水工程量和运行负荷越高，能源消耗量就越大，导致碳排放量增加，城市热岛效应增强，对城市微气候也产生一定影响。与此同时，由于城市微气候变化，极端事件频率和强度增加也会对饮用水安全产生影响，如极端暴雨、干旱、水体富营养化等问题日益突出。如果不从新的战略角度寻找水资源问题的解决方案，随着城市的进一步发展，缺水问题会愈加凸显。如果为解决新的水资源短缺问题而进一步寻找其他地区的水资源进行长距离引水可能还会导致碳排放量增加，也有可能产生跨区域水生生物入侵等问题，影响本地水体的水生态平衡，诱发蓝藻和臭味等水质问题。因此，除了一定程度的引水工程措施，城市水资源还应从平衡角度考虑资源的再生利用，特别是在确保满足用户使用需求的基础上，饮用水输配和处理的目标还要在各项环节中把“双碳”目标纳入考虑范围。

（5）在测绘领域的导航、遥感、地理信息系统（geographic information system，GIS）等技术为高科技行业的强势崛起提供技术支撑的背景下，随着全球测绘基准的统一、网络化对地观测系统的完善，Geo+泛在地理信息技术的服务能力显著增强，有望催生出万亿级地理信息服务产业，为各行各业赋能增效，从而推动区域经济高质量发展。

测绘技术是多领域、多学科的交叉和融合，包括系统性的测绘技术体系，一系列以先进科技为基础形成的测绘技术与方法在提供精准数据方面有重要应用，为国土资源开发与管理其他工作方面提供了有效保障。面向2040年的“测绘与区域发展”领域，在信息化、系统化、智能化的发展趋势下，具体表现为如下发展情景。

“双碳”目标对测绘领域碳监测与管理技术提出了更高要求。2022年8月4日，我国首颗陆地生态系统碳监测卫星“句芒号”在太原卫星发射中心的成功发射，标志着我国碳汇监测正式进入天基遥感时代。面向2040年，实现“双碳”目标的需求日益紧迫，对我国碳源、碳汇进行全天候、立体化、长时间序列的精准、客观摸底，摒弃具有不确定性和单点性的人为主观因素已成为必然。因此，新一代碳卫星遥感监测与绿色发展诊断优化技术，将成为面向2040年土木工程科技发展中需要突破和创新的重要方向。

精准导航、城市感知与决策将更好地满足促进城市智慧化的新需求，也对新一代测绘技术提出了新要求。因此，面向2040年，测绘与区域发展战略研究不仅需要创新发展新一代测绘技术，也要积极融入新基建，构建数字转型、智能升级、融合创新等服务的基础设施体系。预计到2040年，我国将突破通信导航一体化融合技术，将北斗卫星导航系统融入新基建，催生新业态、新产业，壮大信息服务产业，推动区域经济高质量发展，推动北斗卫星导航系统在车载导航、智能手机、穿戴设备等消费领域市场化规模化应用。

随着优化国土空间开发保护格局的发展目标的提出，测绘技术作为国土空间规划重要的技术手段存在巨大的发展空间。我国地理信息产业进入高质量发展转型阶段。《中国地理信息产业发展报告（2022）》显示，2021年我国地理信息产业产值为7524亿元，同比增长9.2%。预计到2040年，地理信息产业规模将持续扩大，产值保持两位数增长，产业结构继续优化，创新能力不断提升，融合发展效应愈发显著。未来将建设具有分钟级的全球空间信息获取与处理能力和日度更新能力的全覆盖地理信息资源体系，满足实时地理信息服务需求。预计到2040年，地理信息产业将成为主要的信息服务产业，我国将成为全球地理信息产业的领跑者。

（6）共建“一带一路”倡议与交通强国战略以及“双碳”目标对交通工程发展提出新的要求，城镇化建设、环境压力增加和信息化技术的进步，与交通工程建设成为国家经济发展有力的带动力量，深刻影响人们的出行、城镇化进程和社会的可持续发展。面向2040年，“交通工程”领域基础设施的科技与产业特征将使之与国家经济社会发展的总体形态和重要战略密切相关，具体表现为如下发展形势。

新一轮产业科技革命推动交通基础设施深刻变革。信息化不断推进为交通工程行业技术革新带来新的机遇。当前，全球新一轮科技革命和产业变革兴起，以5G、大数据、云计算、物联网、区块链、人工智能为代表的新一代信息技术和新材料、新工艺、新能源在基础设施领域的广泛应用和创新发展，将会对基础设施未来发展产生革命性影响。一方面，传统基础设施将加快转型升级和更新换代，朝着数字化、智能化方向发展；另一方面，融合5G、人工智能、物联网等新一代信息技术的新型基础设施正蓄势待发，适用于智慧感知、人工智能、万物互联等应用场景的现代基础设施体系将成为未来经济社会发展的重要支撑。无人驾驶、超级高速铁路、超音速客机、个人飞行器乃至一体化交通工具等新型交通工具的研发和应用，将直接创造新的交通运输方式，从时空上彻底改变现有交通运输的形态和面貌。

新型工业化、城镇化和全球化重塑网络格局。当前，我国经济社会发展总体上进入了工业化后期，产业结构正由工业主导向服务业主导转型，城镇化结构正从规模城镇化向人口城镇化过渡，消费结构正由物质型消费为主向服务型消费为主转变。城镇化进程促使我国路网建设规模不断扩大，高速铁路服务能力和服务水平日益提高。面向2040年，伴随着城镇化进程，城镇居民收入较快增加，经济要素流动更为频繁，百姓出行需求更加旺盛，客货运输需求持续增长。同时消费结构和运输需求结构升级对交通运输安全性、便捷性、舒适性、时效性、均等性等提出新的更高要求。为适应我国城镇化发展需要，应尽快形成高速铁路、区际干线、城际铁路和既有线路提速有机结合的快速铁路网络，满足大流量、高密度、快速便捷的客运需求，为拓展区域发展空间、促进产业合理布局和城市群健康发展提供基础保障，同时也为广大城乡居民提供大众化、全天候、便捷舒适的基本公共服务。“一带一路”建设和全球化进程深入推进，要求强化国际基础设施互联互通，提升各国基础设施质量水平，加快推动全球交通基础设施升级换代。

构建资源节约型和环境友好型的低碳绿色交通运输体系是技术转变的必经之路。随着经济社会持续快速的发展，资源环境约束趋紧，需要加快转变经济发展方式，加快构建“两型”社会，增强可持续发展能力。目前社会运输成本较高，能源消耗快速增加，节能减排压力大，交通拥堵严重，需要优化交通运输结构，促进我国交通运输又好又快发展。面向2040年，我们将迎来交通发展方式转变的重要时期，我国将更加注重统筹各种运输方式协调发展，加强各种运输方式的有机衔接和综合枢纽建设。须进一步提高公共交通服务质量、提升慢行交通出行品质、促进共享出行发展、加快新能源基础设施建设，持续推动大宗货物运输“公转铁”“公转水”、鼓励多式联运发展、促进货运汽车电动化发展。同时，应做好交通行业与其他行业的政策协调，加强交通运载工具电动化与电力清洁水平的同步发展，推广可再生能源的使用与消纳，避免排放转移风险。

（7）新型智慧城市的建设随着城镇化进程变得日益关键，人口集聚趋势和信息技术的发展正推动“智慧城市”领域朝着以人为本的方向加速发展。

在国家新型城镇化建设、共建“一带一路”、可持续社会建设以及人口红利消退等一系列国家经济社会发展情景的大背景下，针对我国城市管理和建设中的土地粗放和高密度开发并存、交通拥堵、环境污染、规划失调、存在安全隐患等一系列“城市病”，在信息化、互联网、物联网、大数据和高性能云计算等重大技术机遇下发展新型智慧化城市管理和建设技术将成为面向 2040 年我国智慧城市领域科技发展的核心战略，具体表现为如下发展情景。

多学科交叉融合将成为未来智慧城市工程科技发展的突出特征。预计到 2040 年，计算机科学与技术、测绘科学与技术、建筑与城乡规划、智慧交通、土木工程等多科学融合，将为我国城市规划管理、城市建设运营、城市智慧治理等城市管理与建设的工程科技发展注入全新动力。预计到 2040 年，我国将向着城市空间全维度虚拟化、智慧化、信息化、网络化等新的发展方向快速扩展和演进，在城市规划、交通、生态、环境、医疗、民生、土地管理、公共设施建设、城市安全等涉及城市管理领域方面都发挥重要支撑作用。

建设智慧城市是我国推进数字社会建设进程的重要目标之一。《中华人民共和国国民经济和社会发展第十四个五年规划和 2035 年远景目标纲要》指出中国各级政府都将分级分类推进新型智慧城市建设，将物联网感知设施、通信系统等纳入公共基础设施统一规划建设。当下，所有副省级以上城市、超过 90%的地级及以上城市均在开展智慧城市建设。新型智慧城市也被视为促进政府职能转变、支撑城市能级跃升的重要载体。智慧城市将以数字化助推城乡发展和治理模式创新，全面提升运行效率和宜居度，全面实现城市社会、经济、民生、政府信息等统一空间内的开放虚拟智慧仿真，实现城市全方位信息开放共享、智慧在线协同规划与管理、泛在感知与快速智慧分析响应等核心技术，促进“城市病”的有效治愈与破解，整个城市实现产业升级甚至形成新型城市管理与建设发展格局。

实现健康老龄化和智慧化养老的目标，为智慧城市建设带来了机遇和挑战。截至2021年底，全国60岁及以上老年人口达2.67亿人，占总人口的18.9%；预计到2035年左右，全国60岁及以上老年人口将突破4亿人；预计到2040年，我国将处于重度老龄化阶段（全国人民代表大会常务委员会专题调研组，2022）。随着面向2040年智慧养老服务需求的持续增加，新型智慧城市中的智慧养老模块将与老年人需求匹配，建设智慧化、数字化老龄生活基础设施，提供丰富、适配的智慧老龄产品与服务，在交通出行、数字生活、数字医疗等领域，切实满足不同年龄段人群的需求，实现社会整体的智慧化生活。

二、本领域需要解决的重大问题及其对工程科技的需求

（1）“城市与建筑”领域城市特色缺失、生态环境恶化、交通拥堵等“城市病”严重，规划不尽科学，历史文化名城、镇、村遭受的破坏与冲击严重；在建筑方面，存在能耗高、人居环境质量较差、设计崇洋媚外、缺乏文化自信、建造方式粗放浪费、耐久性低下等问题。

未来中国城镇应具备安全可靠、绿色环保、舒适宜居、智慧便捷的突出特征。在全球化和地域化背景下，发展绿色、生态、低碳、可持续的城市与建筑，重视科学技术与人文社会的交叉，重视与信息、能源、材料等领域的融合，“城市与建筑”领域的新需求包括以下几个方面。

一是新型人居环境的空间形态建设方法，运用数字技术解析多重尺度的城市形态和功能组织；“万物互联”的信息化时代极大地推动了社会经济、政治、文化领域的变革。设计决策与建设行为面临前所未有的审视与评价，城市设计面临“个体”即“主体”的空前挑战。海量空间和行为数据以及不断发展的计算平台与工具也引起了城市设计

的“能效革命”，基于大数据、新算法及数字协作平台的数字化城市设计，对多尺度的城市形态认知、组织和设计精度与科学性相比传统方法有了质的飞跃。

二是空间再开发技术体系，基于集约紧凑的城市化发展模式探寻基于资源节约和环境友好准则的城市化发展道路。在我国城镇化进程进入中后期以后，城市再开发将成为主要建设类型，建成区功能提升与再开发关键技术显得尤为重要，向多学科深度结合的集约化、立体化、协同化、智能化、一体化、绿色化方向发展。强化土地集约高效利用，空间立体开发，数字化协同管控，建筑交通一体化。

三是绿色建筑的全寿命周期整合设计、建造和运营管理技术，重点关注气候适应性及装配式建筑设计技术；绿色建筑自概念的出现至今已超过 15 年，面向 2040 年，其仍将是世界上包括中国在内的建筑行业发展的主流方向。绿色建筑的发展，一方面将更加强调建筑、结构、机电、能源、材料、信息等多学科的交叉与合作，另一方面将高度重视从设计到建造再到运营管理的全寿命周期的绿色理念的落实和绿色技术的运用。性能化的绿色建筑设计、工业化建筑体系的研发和推广、多专业的绿色建筑整合设计、先进数字技术在建筑上的应用等都是绿色建筑发展的方向。

四是基于地域和文脉的建筑与城市设计理论及方法以及城市与建筑遗产保护，重点发展城市与建筑遗产的价值评估、规划编制及建筑修复技术。建立起本土的建筑和城市设计理论及方法体系，并产生大量高水平的建筑与城市创作作品。加强城市及建筑遗产保护，在改善人居环境的同时传承中华文明。当代中国建筑类学科的理论基础和方法体系较大部分源自西方，在过去近 20 年的大规模城市建设中，伴随巨大成就的还有盲目求新求奇、铺张浪费、崇洋媚外等弊病。因此，建筑类学科一方面需要顺应国际发展潮流，吸收先进的理论、方法和技术；另一方面更需要立足中国独有的地域和文化特色，建立起属于自己的建筑与城市设计理论及方法体系，与西方平等对话。

（2）土木工程产业链整体效率较低，使用的建筑材料种类单一，新型材料对工程结构的创新推动不足，建筑装配化、工业化、智能化程度偏低，大量既有土木工程结构的高效服役性能诊断与运维提升能力不足。

我国土木工程行业的可持续发展面临着严峻挑战，高安全性能、高使用性能、高耐久性能、高抗灾变性能将是未来工程结构的基本要求，同时在人口老龄化和建筑业高质量转型升级发展大背景下，具备智能化、工业化、装配化特点的新型工程材料及其结构体系也将成为领域发展的重要需求。2040年，我国正处于在基本实现现代化基础上向第二个百年奋斗目标而努力的进程中，面向国家总体战略需求，“土木与材料”领域工程科技的发展必须首先着眼于解决如下问题。

在材料-结构一体化层面，探索如何将高性能新材料合理应用于土木工程结构中，有针对性地提升结构整体性能，满足特定战略的需求或可持续发展要求。近年来，超高性能混凝土、超高韧性纤维增强水泥基复合材料等新型水泥基材料和高强钢、耐候钢、耐火钢、低屈服点钢等新型钢材不断涌现，另外碳纤维复合材料、玻璃纤维复合材料等新型复合材料的制备工艺和力学性能不断提升，为土木工程结构新材料的研发和应用奠定了基础。国内外针对这方面的研究仍处于起步阶段，因此亟须研发能够满足不同建造与使用要求的新材料、高性能建筑与桥梁体系，同时突破其在材料本构理论、结构精细化模拟和体系优化设计方法等方面存在的技术瓶颈。

在新建土木工程层面，探索全寿命周期智能设计—智能建造—智慧运维关键理论。面向国家战略需求和建筑业升级转型，以土木工程为基础，融合计算机应用、机械自动化、工程管理等相关技术，研究面向智能装备、智能设计、智能施工、智能开发等多元化需求的智能设计—智能建造—智慧运维技术体系，探索多目标优化算法、复杂建造场景识别方法、数据-物理耦合驱动方法等关键技术，研发适用于智能建造的高度工业装配化结构新体系，推动土木工程的智能化发展。

在既有土木工程层面，探索服役安全诊断与高效运维提升新方法。大量在役建筑与基础设施的运营维护将成为行业下一阶段发展的主要工作。然而，当前工程实践中的人工检测体系难以满足在役重大基础设施科学诊断的技术要求，亟须开展面向重大基础设施运营服役期诊断的多场景智能化研究与应用，通过全息、全域、全时智能安全诊断保障重大基础设施服役安全，从而促进我国建筑业转型升级，推进以人为核心的新型城镇化建设。

推动土木工程领域基础理论、方法、软件自主化和标准国际化。虽然我国在科技创新发展实践中解决了诸多技术难题，但解决这些难题的基础大多是发达国家建立的基础理论、方法与软件。例如，目前在结构工程抗震分析和设计中最常用的结构动力学、地震反应谱等理论方法都是由欧美学者原创的，我国土木结构工程的精细化仿真分析和计算大多依赖国外商用CAE软件。标准规范是工程建设的重要技术依据和准则，共建“一带一路”倡议也对工程建设标准走向国际提出了新要求。但是，我国工程建设标准体系在顶层设计和编撰机制方面存在诸多不足，制约了标准的先进性及其引领作用的发挥，也制约着中国标准的国际化应用。因此，为了让我国从工程建设大国变成工程建设强国，需要突破原创性工程建设领域的理论、方法与软件，构建引领先进科技潮流的工程建设标准体系。

（3）水利与水资源基础理论方法研究薄弱，水利科技信息化、智能化水平较为落后，主要软件系统和核心设备装备自主化率低，“卡脖子”问题突出，对国家重大战略的服务力度和深度有待加强。

随着我国经济社会发展对水资源需求的不断提高和全球气候变化等不确定性因素的影响加剧，水利与水资源行业面临重大的挑战。面向2040年，水利与水资源支撑国家新型城镇化、工业化，生态文明建设，共建“一带一路”倡议、长江大保护战略等的要求不断提高，面向国家总体战略需求，“水利与水资源”领域工程科技的发展必须首先着眼于解决如下问题。

一是破解水资源配置与经济社会发展需求不相适应的矛盾，应持续深入地开展区域水资源战略支撑与均衡配置、水生态空间合理划分与有效管控、水安全保障与智慧化管理等相关研究。以流域防洪和水资源管理与调配两大体系建设为重点，建立设施及其影响区域的数字化映射，构建智能化、智慧化的水利监管体系。

推进水利重点工作由大及小、由点及面、由粗放到集约、由工程水利到生态水利的转变。开展面向生态系统健康的水资源“量-质-生态-效益”联合配置研究。开展村镇饮用水安全保障关键技术、受损水生态系统修复与生态廊道建设、坡耕地水土流失综合整治与高效利用技术集成及示范、河口海岸治理和滩涂资源保护与利用等方面的研究。加强生态环境系统修复研究，加强以水生生物为代表的水生态系统结构和功能整体恢复的研究。

二是创新调度理论与模式，建立大型、复杂水利工程群风险调度理论与技术体系。针对当前洪涝干旱风险管理的需求，研究大流域超标准洪水的国家应对战略，包括优化调度方法、应急响应机制、损失评估模型等。针对突发性水污染事故频发的问题，亟须开展水污染事故的风险评估、多级防控与应急调度研究，支撑和加强突发性水污染事故的事前防控及应急监测体系建设，建立突发性水污染事故的应急处置决策支持系统。

（4）城市群发展、城镇化建设为水安全技术发展提供持续的动力支持，人民群众对高品质饮用水的需求、提升水资源占有量的愿景、工业发展节能减排的要求，亟须“城市水安全”领域加快技术革新。

城市群、城镇化的快速发展对水环境安全、饮用水安全的需求巨大。目前我国城市缺水现象已十分普遍而严重。水污染加剧了本已严重的水资源短缺矛盾，城市取水日益困难，城市水安全问题日益突出。人均水资源占有率下降急需水资源再生利用技术的革新。工业快速发展与节能减排的要求对污水分质收集和高效处理净化技术提出了挑战。我国饮用水净化、污水处理及安全回用技术缺乏自主创新，城市水资源再生利用率低，需加大新材料、新技术、新工艺的研发。

开发低碳、高效、经济的饮用水源保护与水质净化技术，形成水的多级循环利用。水的多级循环利用包括饮用水高效、低碳处理，工业废水、城市生活污水高效循环、生态化利用，雨水资源化利用等，据此开发一系列的高级技术，建立从源头到龙头的供水体系。开发传感器监测技术、水源保护技术、源头污染控制技术、绿色低碳的资源化技术；研究低能耗、高效、低碳、多功能的供水水质保障技术；研究绿色二次终端供水保障技术；研究低能耗管网漏损率技术，实时调控管网的特性，降低水压、能耗。

构建面向节能、低碳与资源回收的新型污水处理模式，开发针对不同回用途径的再生水制备技术，实现污水中可用资源的最大化回收与高效利用。城市污水量大、集中、水质较为稳定，把经过处理的污水回用于工业、市政、农业等领域，实现城市污水资源化，可以减少新水开发总量，是弥补水资源不足的有效手段，同时可减少污染物排放总量，实现水资源在自然系统与社会系统之间的良性循环。再生水的合理回用既能减少水环境污染，又可以缓解水资源紧缺的矛盾，是贯彻可持续发展的重要措施。从生态环境的可持续发展考虑，污水处理不仅要求能保护水环境，而且要最大限度地减少资源损失，加强营养物质的循环利用，减少能源使用及废物的产生，使之对环境总的影响最小，甚至产生环境效益。

城市水系统整体规划设计，构建绿色安全的智慧水系统，打造可持续型海绵城市。近年来，伴随着城市人口的快速增长，各城市用水量激增，城市被迫从自然界获取更多水资源，大量自然水资源由自然循环转移到各类市政管道，加之我国降水在季节上分布不均匀，城市调蓄能力有限，为此，以径流和污染物总量削减、峰值流量削减、雨水资源化利用为目标导向，构建与市政、道路、绿地、建筑等协调衔接的绿色雨水基础设施已成为今后城市排水系统发展的重要方向，也是建设具有“自然渗透、自然积存、自然净化”功能的海绵城市的重要内容。因此，积极建设城市“海绵体”，提升基础设施服务能力，恢复城市河道活力，改善城市水生环境，结合雨水利用、防洪排涝、景观再造、生态恢复、水资源综合利用等因素，合理布局设施体系统筹建设；同时研发适合我国国情的城市建成区雨水减量、调蓄净化与生态景观均衡利用关键技术，地下模块化雨水调蓄池构建、城市雨水低能耗建筑生态利用、绿地灌溉、湿地保养和景观利用等技术，提高我国城市水系统适应气候变化的能力，推动其向海绵城市的快速转变与发展。推动智慧水系统的建设与完善，利用信息和通信技术，采取可持续发展的方式对水系统进行管理，通过不断监测及诊断，确定问题的优先级并进行管理维护，同时使用数据全方位地优化水资源分配网络，更好地对水资源进行分配、管理和安置，从而改善当前许多城市的水资源管理的不良状况。

保障城市二次供水的安全。二次供水是指集中式供水在入户之前经再度储存、加压和消毒或深度处理，通过管道或容器输送给用户的供水方式，能满足市区高层用户对市政供水管网水压和水量的需求。但二次供水设备建设不规范造成的用户龙头水水质恶化的现象时有发生，需高度重视水质变化以确保供水水质安全。

保障城市再生水利用的安全。再生水用于生态环境时，应从源头控制、过程控制、用户端控制和区域循环利用等方面来保障再生水的安全利用。再生水水源宜选用生活污水，或不含重金属、有毒有害工业废水的城市污水，避免生物毒性大、对生物处理系统生物活性有明显抑制作用的组分进入污水再生处理系统。再生水输配是影响用户端再生水水质的重要环节，宜通过设置泄水口、定期检查等方式，避免再生水长期滞留于管网中时出现水质恶化现象。用户端控制是指在再生水用户端采取必要措施，控制利用过程中的风险产生，主要措施包括水质水量监测、风险控制、事故防范与应急管理等，长效维系水体水质，保障再生水回用的生态安全、健康安全及心理安全。

（5）我国“测绘与区域发展”领域在研究层面创新性不足，基础研究较少；应用层面卫星通信服务领域仍落后世界先进水平，城市空间信息基础设施的集成利用仍需改善，区域协同发展路径仍需进一步探索。

我国在测绘领域还存在明显的关键短板和薄弱环节，在未来城市发展的多元需求持续增加的情况下，我国面临着高速发展和可持续发展的严峻挑战。当前人们的视野、活动范围不断扩大，对测绘技术的实用性和服务效率也提出了更高的要求。在大数据时代提升测绘地理信息服务价值、实现测绘大众化和高效化，要求该领域学术研究、技术发展和应用创新同步高速发展。

我国与世界相比具有竞争优势的分领域主要为室内导航、立体导航技术以及无人机技术研究。这些领域的研究成果颇丰，但创新能力仍有待提高；注重面向应用领域的研究，对基础研究重视不够。近20年来测绘相关研究始终是学术界研究的热点，大量学术论文的发表为精准导航定位、组合导航、无人机等领域的发展提供了理论支撑和发展方向。中国在测绘相关研究方面的文献发表数量排名世界前列，体现出较强的科研实力。测绘是多领域、多学科的交叉和融合，各研究领域的自我发展和多方合作为测绘技术发展奠定了坚实的基础。未来研究需要重视基础研究，提高创新能力，创造更多高质量的成果。

测绘技术发展层面，我国仍需继续推进技术创新，具体包括超高精度量子导航与探测技术、通信导航一体化技术、立体导航与无人驾驶汽车导航、空间三维数字成像与视频遥感、合成孔径声呐（synthetic aperture sonar，SAS）技术、测绘机器人、强震震源机制解的准实时全球导航卫星系统反演技术、地球协同感知与地球归一化工程、全时空信息系统构建技术、地表自然资源要素穿透测绘技术、即时遥感智能服务关键技术等。

应用创新层面，我国卫星通信服务领域仍落后于世界先进水平。我国的卫星通信市场特别是民用卫星通信市场规模较小，渗透率较低。伴随着低轨宽带通信卫星系统应用领域不断成熟、火箭发射能力提升、成本下降，中国低轨宽带通信卫星市场有望快速发展。美国专利产出持续保持增长的态势，这体现了美国测绘研究的创新性和学术的活跃性以及在测绘领域仍然有迫切的需求促进其发展，值得我们认真学习和借鉴。同时，卫星通信的发展也应在推进实现“双碳”目标方面有所贡献。未来工程科技方面的提升应包括新一代碳卫星遥感监测与绿色发展诊断优化技术、大比例尺卫星测绘遥感技术和陆海卫星激光测量技术等方面。

虽然我国具备了较为全面的城市空间信息基础设施，但如何有效地集成利用，构建一体化空间信息基础设施，应对“三多现状”（多观测耦合、多协议互联、多主题交互）和“三高需求”（高时空感知、高精度感知、高智能感知）一直面临巨大挑战。因此，面向2040年，重要任务是：构建覆盖天空地海、基准统一、高精度、高安全、高智能、高弹性、高效益的时空信息服务基础设施。

（6）“交通工程”领域存在综合交通体系不完善、绿色交通运输方式占比不高、创新能力不强、智能化总体水平有待提高、交通国际影响力和话语权较弱、运输服务效率与水平不高、交通安全水平不高等问题，仍需把科技创新作为最根本、最可持续的竞争力，以高水平科技供给支撑交通运输高质量发展。

要继续坚持自主创新，强化基础研究和应用基础研究，加强关键共性技术、前沿引领技术、现代工程技术、颠覆性技术研发，着力突破交通运输“卡脖子”技术难题，抢占世界科技制高点，实现高水平科技自立自强。面向2040年，为建成绿色智能综合立体交通网络，“交通工程”领域的发展要重点解决以下问题。

一是加强基础研究和应用基础研究，加快打造原创技术策源地。应开展综合交通运输理论研究，加强基础设施长期性能观测研究，增强原始创新能力；强化基础设施可靠性设计建造理论、绿色智能融合基础理论、全寿命周期性能演化规律及致灾机理等应用基础研究；

推进人机交互、新能源新材料制备加工和性能调控等前沿交叉领域应用基础研究。

二是攻克交通运输关键核心技术，强化现代工程技术及前沿技术和颠覆性技术研发。应重点突破交通装备动力、感知、控制等核心零部件及通信导航设备、应急救援装备等共性关键技术，攻克大深度饱和潜水、航空器适航审定等行业特色关键技术，强化新材料应用技术研发，提升专业软件自主可控能力；突破特殊复杂自然条件下交通基础设施智能建造及健康保障技术；研发在役交通基础设施性能提升与扩能改建技术，突破全天候监测、智能化检测、自动化预警、无人化养护、快速化处置等技术与装备的瓶颈；推动基础设施数字化、网联化，实现重点领域交通感知网络全覆盖；合理统筹高速轮轨列车、高速重载货运列车研究；加强自主式交通系统成套技术研发；开展超高速列车、超高速商用飞机等新型载运工具研制，攻克海底悬浮隧道理论体系与关键技术。

三是完善现代交通综合运输网络，构建交通物联网技术体系，提升交通运输智能化及安全水平。应完善道路交通、轨道交通、水上交通及航空交通基础设施及综合枢纽，整合各交通系统优势资源，构建不同运输方式的最优组合，实现综合交通运输系统的协调组织和竞合发展，满足城市群、城市带、城镇化发展的交通运输需求；构建交通物联网技术体系，为客货运输提供更完善的出行信息服务，满足旅客出行和物流运输的多样化、个性化和动态化需求，提升综合交通运营服务的协同能力；提升载运工具的自动化、智能化和协同化运行水平，促进以无人驾驶、遥控驾驶等为主要工具的空地一体化新型智能交通系统的建设与发展，增强交通事故的主动防控能力；充分利用移动互联网技术、大数据技术、云计算平台对综合交通多元感知数据进行有效管理、分析、共享与应用，推进多种交通信息服务平台的对接和交通共享出行模式的建立，为公众提供精准、人性化的综合交通信息服务。分析人口迁徙规律、公众出行需求、枢纽客流规模、运输工具行驶特征等，为优化综合交通运输设施规划与建设、安全运行控制、综合交通运输管理决策提供支撑，并采用一系列技术与管理手段，持续降低交通系统能耗及对环境的不利影响。

（7）智慧城市建设总体仍处于初级阶段，“智慧城市”领域存在智能化基础设施不匹配、数据敏感、跨部门合作协调困难、智慧化建设地域差异明显等问题，具体在集成技术发展、构建城市感知网络和落实智慧城市应用方面问题显著。

我国智慧城市建设总体需求旺盛，制度优势明显，发展态势蓬勃，深圳等城市在新型智慧城市、数字政府建设方面，已初步形成了一批可复制、可推广的经验做法，起到了示范引领作用。但是，在复杂城市环境的感知、融合与表达技术体系方面还存在不足，城市各类信息的及时准确感知、获取和表达是智慧城市建设的首要问题。

数字技术是建设新型智慧城市的核心，需要持续创新和推进先进科学技术的发展，实现最优的资源精细配置，使智慧城市形成可管控的全方位城市网络。未来智慧城市技术发展将以城市数据资源整合共享为根基，以新兴的智能技术为依托，以数据传递整合、统一汇集处理技术为支撑，运用精准的后台分析技术让城市智能、高效地运行。因此，未来需要着重发展的技术具体包括：基于数字孪生技术的城市建筑和基础设施智慧运维技术、城市数据自动语义关联和动态融合技术等。

构建智慧城市综合感知体系，是理解和表达“城市”复杂巨系统的重要基础。通过实现城市群层面大范围、多尺度、时间连续的自然地表要素的变化感知，城市层面远距离、密集型、高动态人车物运动目标的智能认知，街区层面室内地下复杂场景、高动态时应急要素的自主感知，从而有效提升城市时空信息感知服务能力。为此，在工程技术层面应着重关注城市泛在感知网络及其集成整合技术等的创新和发展。

落实智慧城市建设内容，实现智慧化的应用成效是重要目标。虽然，我国在智慧城市试点建设方面取得了一定进展，但这些进展主要还集中在平台系统的建设，数据的集合、处理和展示等方面，在落地应用层面存在一定瓶颈。从全国层面来看，城市智慧政务方面的系统化建设也普遍较弱。因此，为了让智慧城市真正服务到每个人，需要大力发展基于数字孪生技术的城市建筑和基础设施智慧运维技术，以及城市空间规划在线协同技术，真正体现智慧城市的以人为本思想。

第二节　2040 年中国土木、水利与建筑领域经济社会及科技发展愿景

一、全球气候变化迫使城市绿色低碳发展技术升级

我国力争实现“双碳”目标，与此同时，本书课题组对我国的城镇化发展走势的预测显示，2020—2035 年我国城镇化率仍将以每年 1 个百分点左右的速度增长，至 2035 年我国城镇化率将达到 77.1%，城市化进程中在环境方面的压力促使我国城市发展向绿色低碳路径转型。因此，面向 2040 年的绿色低碳城市建筑发展路径是：强化绿色发展，降低城市建设对气候的负面影响，优化城市形态有利于结合太阳能、风能在城市建筑中的推广利用，推动城市建设向气候友好型转变，显著提升城市生态环境综合效益。

二、未来城市建设和城市群将向实现可持续及智慧化方向发展

城市在当前的发展过程中出现一些负面问题，包括空间、资源、环境、交通、安全等方面。未来城市建设需要以城市复杂巨系统为研究对象，开展城市可持续发展的应用基础研究，需要在智慧城市、城市建筑、地下空间、交通设施、自然资源、公共政策等领域取得突破。因此，面向 2040 年的未来城市和城市群建设发展路径是：城市动

力学与智慧城市、智慧化建筑与体验城市、现代工程学与地下城市、基础设施健康与安全城市、自然资源感知与生态城市、社会物理学与人文城市。

三、人口老龄化推动新型建筑工业化和智能建造技术加速升级

劳动力结构性短缺和劳动力价格不断攀升推动建筑业的转型发展，居民受教育水平持续上升也为建筑业高质量产业化工人的培育提供了机遇。因此，未来建筑业发展将由传统的以人为主的粗放式模式，逐渐向依托科技进步和产业升级的高质量发展模式转型，自动化、人工智能等新技术的渗透将对建筑业产生深远影响，新型建筑工业化和智能建造技术加速升级将是建筑业不可逆转的趋势。因此，面向2040年的新型建筑工业化和智能建造发展路径是：推进建筑体系标准化，发展基于标准化体系的高效预制装配结构体系，实现部品部件体系智能深化设计、高效自动化生产、现场自动化安装和智能化组织管理，建筑业完成依托技术驱动的高质量转型发展。

四、智能化技术渗透融合推动建筑与基础设施智能诊断和智慧运维加速发展

大数据等新兴技术的涌现，为建筑与基础设施的运营与维护发展提供了新的机遇。面向2040年的建筑与基础设施运营维护的发展路径是：以技术创新为驱动，以数字化、网络化、智能化为主线，以促进建筑与基础设施高质量运营为导向，推动建筑与基础设施运营管理数字化转型、智能升级，建设便捷顺畅、经济高效、绿色集约、智能先进、安全可靠的建筑与基础设施智能化运营管理体系，提升基础设施的精准感知、智能评价，高效提升技术能力，实现基础设施的“全息、全域、全时”运行状态时效感知和高效服役安全管理，保障既有建筑和基础设施安全运行，为平安中国建设提供有力支撑。

五、水资源空间配置能力和国土空间开发格局更加优化合理

水资源、耕地和能源是影响我国可持续发展的三大瓶颈，也是支撑我国高质量发展的三大关键要素，然而我国水资源、耕地和能源空间分布不匹配，北方地区耕地、能源富集，但水资源严重短缺，生态环境脆弱。提升水资源空间配置能力有助于优化国土空间格局，进一步释放北方地区经济社会发展活力。因此，面向 2040 年土木工程产业发展路径是：测算气候变化、水资源衰减、碳排放约束等情景下不同区域水资源供需格局变化，测算区域极限节水潜力，优化水资源空间配置能力，扩大西北、华北等缺水地区外调水规模，加快国家水网建设。

六、“双碳”目标实现迫使能源供需结构低碳转型

“双碳”目标实现需要经济结构的调整和发展方式的转型升级，在这艰巨过程中，必须加快以化石能源为主的能源结构转型，推动能源清洁低碳安全高效利用。虽然我国清洁能源产业不断发展壮大，产业规模和技术装备水平连续跃上新台阶，为突破能源资源约束和缓解生态环境压力做出突出贡献，但清洁能源发展不平衡不充分的矛盾也日益凸显。因此，面向 2040 年能源产业发展路径是：优化能源结构，化解过剩产能，提高能源整体利用效率；深度实施风光水互补开发，提升可再生能源供给能力和质量；创新生产和消费模式，实现源网荷储一体化，构建新型能源系统形态。在国家水网的基础上，充分发挥风能、光能的清洁优势，突破能源资源约束和减轻生态环境压力。

七、水资源-水环境-水生态“三水”共治，实现河湖健康美丽

据生态环境发布的 2020 年全国生态环境质量简况，2020 年，全国地表水优质水质断面比例提高到 83.4%，劣 V 类水质断面比例下降到 0.6%，长期困扰我国的河湖水质恶劣问题已得到显著改善。但相较于

美丽中国建设目标和要求，仍然面临较大差距，突出表现在河湖生态流量不达标、水生生物多样性降低趋势未得到有效遏制、水环境质量改善不平衡不协调等方面。因此，面向2040年河湖治理发展路径是：全面开展河湖生态流量目标制定和监控管理，加强用水总量控制和水利工程生态调度，保障河湖生态基流与敏感生态需水；全面加强农村生活污水处理和老旧城区管网改造，加强水环境风险防控和新型污染物管控，实现水环境全面均衡提升；加强河湖水域空间功能管控，着力提升水流连通性，恢复和保护水生生物洄游通道和重要栖息地，实现“有水有河、有草有鱼、人水和谐”。

八、新一代信息技术助力遥感技术应用智慧化

基于新一代信息技术的发展，实现遥感技术应用信息化、系统化和智能化，需要构建系统性的测绘技术体系，着重发展新一代碳卫星遥感监测与绿色发展诊断优化技术、大比例尺卫星测绘遥感技术、陆海卫星激光测量技术。在此基础上，构建覆盖天空地海、基准统一、高精度、高安全、高智能、高弹性、高效益的时空信息服务基础设施，提升智能化地理信息服务能力；积极融入新基建，以新发展为理念，以技术创新为驱动，以信息网络为基础，面向高质量发展需要，提供数字转型、智能升级、融合创新等服务的基础设施体系。

九、新一代信息技术推动自然资源与国土空间治理现代化

2018年，党中央、国务院赋予新成立的自然资源部“两统一”职责，自然资源管理的内涵和外延都发生了深刻变化，迫切需要利用新一代信息技术构建自然资源与国土空间现代化治理体系。开展自然资源与国土空间治理的关键技术创新，攻克数据保障实时化、调查监测精准化、服务应用知识化、决策规划智慧化等技术难题，确保自然资

源与国土空间治理过程中“看得清、查得准、认得透、用得好”，为及时掌控我国乃至全球自然资源“数量-质量-生态-变化”情况，有效实施自然资源与国土空间的动态监测、科学规划、全要素耦合管理及修复管控，提供高水平、持续性的科技支撑和引领。

十、数字孪生技术推动新型智慧城市建设

以 5G 建设为新起点，提升城市精细化和智能化管理水平；以城市智能化为目标，构建立体感知、全域协同、精确判断、持续进化的一体化智能体系；通过智能化充分释放数据生产要素的价值，支撑以人为本的智慧社会的达成；由点及线再到面，智慧应用的场景将覆盖城市的各个行业、领域和地理范围，最终将实现全场景智慧。面向 2040 年，新型智慧城市是实现新一代信息技术与城市治理和发展深度融合的关键载体，也是打造智能社会、建设数字中国的重要途径，更是以人为本，将智慧带入城市的每个主体、每个空间、每个过程，让城市更加智慧、更加聪明，市民更有获得感和幸福感的基础及可靠保障。随着物联网、云计算、移动互联和大数据等信息技术逐步成熟，未来一段时期，数字孪生城市从概念培育期逐渐进入建设实施期。未来将实现“以人为本”的新型智慧城市和智慧社会，数字化和信息化的进程逐步扩展到整个社会。

第三章　中国土木、水利与建筑领域工程科技技术预见和体系发展能力分析

第一节　土木、水利与建筑领域工程科技2040技术预见

一、本领域工程科技2040技术预见基本情况

1. 备选技术清单征集

2021年2月7日，通过广泛征集有关专家意见，并经中国工程院土木、水利与建筑工程学部常委会充分讨论，“土木、水利与建筑”领域确定设立“城市与建筑”“土木与材料”“水利与水资源”“城市水安全”“测绘与区域发展”“智慧城市”6个子领域。

2022年3月3日，基于对《中国工程科技2035发展战略·技术预见报告》中技术预见工作的综合评估分析，“土木、水利与建筑”领域继承了该技术预见报告中部分清单内容，并结合国内经济社会发展和世界工程科技发展新形势对相关清单的具体内容进行了修订。在此基础上，通过进一步广泛征集专家意见，初步形成了“土木、水利与建筑”领域的80项备选技术清单，其中，“城市与建筑”子领域19项、“土木与材料”子领域19项、“水利与水资源”子领域15项、“城市水安全”子领域17项、“测绘与区域发展”子领域10项。

2022年4月13日，经过与其他相关领域的沟通协调，并进一步广泛征求“土木、水利与建筑”领域的院士专家意见，形成第一轮技术预见备选技术清单，共分6个子领域70项技术，其中，“城市与建筑”子领域12项、“土木与材料”子领域14项、“水利与水资源”子

领域 12 项、“城市水安全”子领域 15 项、“测绘与区域发展”子领域 11 项、“智慧城市”子领域 6 项。

2022 年 8 月 22 日，根据第一轮技术预见调研结果反馈的专家意见，对第一轮技术预见备选清单中部分技术内容进行修改，并新增了 8 项技术，形成第二轮技术预见备选技术清单，共分 6 个子领域 78 项技术，其中，“城市与建筑”子领域 14 项、“土木与材料”子领域 16 项、“水利与水资源”子领域 12 项、“城市水安全”子领域 15 项、“测绘与区域发展”子领域 15 项、“智慧城市”子领域 6 项（表 3-1）。

表 3-1　土木、水利与建筑领域各子领域技术清单详情

序号	编号	子领域	技术方向
1	701001	测绘与区域发展	超高精度量子导航与探测技术
2	701002	测绘与区域发展	通信导航一体化技术
3	701003	测绘与区域发展	立体导航与无人驾驶汽车导航
4	701004	测绘与区域发展	空间三维数字成像与视频遥感
5	701005	测绘与区域发展	合成孔径声呐（SAS）技术
6	701006	测绘与区域发展	测绘机器人
7	701007	测绘与区域发展	强震震源机制解的准实时 GNSS 反演技术
8	701008	测绘与区域发展	地球协同感知与地球归一化工程
9	701009	测绘与区域发展	全时空信息系统构建技术
10	701010	测绘与区域发展	区域协同发展综合决策技术
11	701011	测绘与区域发展	新一代碳卫星遥感监测与绿色发展诊断优化技术
12	701012	测绘与区域发展	大比例尺卫星测绘遥感技术
13	701013	测绘与区域发展	陆海卫星激光测量技术
14	701014	测绘与区域发展	地表自然资源要素穿透测绘技术
15	701015	测绘与区域发展	即时遥感智能服务关键技术
16	702001	城市与建筑	基于先进数字技术和性能数据的绿色建筑全生命周期优化关键技术
17	702002	城市与建筑	城市中心区功能提升与再开发关键技术
18	702003	城市与建筑	旧城更新与既有建筑改造功能提升技术
19	702004	城市与建筑	国家重大文化遗产区域性资源保护规划与技术
20	702005	城市与建筑	城镇群空间治理决策支持系统技术
21	702006	城市与建筑	城市土地资源立体化利用管理技术

续表

序号	编号	子领域	技术方向
22	702007	城市与建筑	基于多规融合的城乡规划方法技术
23	702008	城市与建筑	新型城镇化城乡协同发展要素配置与监测技术
24	702009	城市与建筑	村镇聚落体系演变模拟与新农村社区建设规划技术
25	702010	城市与建筑	基于人类行为分析的城市运行优化与提升技术
26	702011	城市与建筑	城市空间仿真与优化技术
27	702012	城市与建筑	人工智能辅助规划和建筑方案设计技术
28	702013	城市与建筑	城镇生态基础设施规划方法与优化技术
29	702014	城市与建筑	老龄化背景下城镇空间发展转型和适老化基础设施研究
30	703001	城市水安全	城市水环境生态安全诊断与功能优化技术
31	703002	城市水安全	绿色城镇水污染综合整治集成技术
32	703003	城市水安全	典型区域水生态与水环境一体化治理与适应性管理
33	703004	城市水安全	基于城市水环境承载力的综合管理技术及支撑平台
34	703005	城市水安全	城市水环境综合整治工程建设模式与信息管理系统
35	703006	城市水安全	城市新型水系统规划设计与水质保障技术
36	703007	城市水安全	城市供水系统管网漏失控制与用户端节水技术
37	703008	城市水安全	水源水体微污染防治与水质安全保障技术
38	703009	城市水安全	大口径输水管道缺陷无损检测、修复与爆管预警技术
39	703010	城市水安全	城镇污水再生处理与综合利用的安全保障技术
40	703011	城市水安全	基于多目标管理的城市污水处理新型技术体系
41	703012	城市水安全	城市污泥过程减量、稳定化、无害化、分质资源化处理处置成套化技术
42	703013	城市水安全	新型供水管网二次消毒及清洗技术
43	703014	城市水安全	多级绿色屏障消毒技术体系
44	703015	城市水安全	基于膜处理的高品质饮用水安全保障技术与装备
45	704001	水利与水资源	流域水循环及其伴生过程的综合模拟与调控技术
46	704002	水利与水资源	数字孪生流域建设技术
47	704003	水利与水资源	河湖生态流量核定与水利工程生态调度技术
48	704004	水利与水资源	地下水资源保护与受损系统修复技术
49	704005	水利与水资源	水-粮食-能源-生态多维交互效应与协同调控技术
50	704006	水利与水资源	水土保持生态修复与功能提升技术

续表

序号	编号	子领域	技术方向
51	704007	水利与水资源	大气水资源开发利用技术
52	704008	水利与水资源	水风光电储融合与联调技术
53	704009	水利与水资源	极端降水条件下城市水安全技术
54	704010	水利与水资源	河口区风暴灾害预警与防灾关键技术
55	704011	水利与水资源	区域水平衡与国家水网布局优化关键技术
56	704012	水利与水资源	复杂水工构筑物及超高坝全生命周期真实性态智能监控和安全防护机理研究
57	705001	土木与材料	智能高性能建筑围护体系与材料
58	705002	土木与材料	结构功能一体化建筑材料
59	705003	土木与材料	新型高效节能与绿色环保材料应用技术
60	705004	土木与材料	环境友好型高性能纤维增强复合材料及其基础设施结构关键应用技术
61	705005	土木与材料	海洋建设工程材料与结构关键技术
62	705006	土木与材料	新型高性能结构体系关键技术
63	705007	土木与材料	新型建筑工业化和智能建造的标准化集成设计技术
64	705008	土木与材料	基于资源高效利用的绿色建造技术
65	705009	土木与材料	建筑工程的 3D 打印（建造）技术
66	705010	土木与材料	基于信息化技术的智能建造技术
67	705011	土木与材料	工程结构的质量与安全监控预警技术
68	705012	土木与材料	基于全寿命期性能的工程结构设计、施工与高效运维提升技术
69	705013	土木与材料	建筑工程综合防恐防爆技术
70	705014	土木与材料	土木工程综合防灾减灾技术
71	705015	土木与材料	新一代高性能土木工程材料
72	705016	土木与材料	结构振动的主动控制技术
73	706001	智慧城市	基于数字孪生技术的城市建筑和基础设施智慧运维技术
74	706002	智慧城市	城市数据自动语义关联和动态融合技术
75	706003	智慧城市	虚拟城市环境实时构建与动态表达技术
76	706004	智慧城市	城市泛在感知网络及其集成整合技术
77	706005	智慧城市	BIM 全生命周期大数据智慧管理技术
78	706006	智慧城市	城市空间规划在线协同技术

2. 专家调查情况

“土木、水利与建筑”领域技术预见第一轮调查邀请专家583人，填报人数183人，专家参与度为31.39%，共回收1864份问卷，平均每项技术约有27位专家作答；第二轮调查邀请专家712人，填报人数236人，专家参与度为33.15%，共回收1537份问卷，平均每项技术约有20位专家作答。

3. 问卷调查结果的研讨分析过程

“土木、水利与建筑”领域技术预见工作组首先召开了领域负责人工作会议，详细通报了技术预见组提供的第二轮技术清单调查统计结果以及参调专家提出的未被涉及的关键技术和新增技术方向，并向各子领域提供了各自技术方向重要性排序调查结果。会后，各子领域分别召开工作会议对调查统计结果进行研讨，结合各位院士专家的意见筛选出1—2项本子领域最关键的技术方向，并对参调专家建议新增技术方向的重要性及进一步的处理方案进行研讨。最后，将各子领域的意见汇总到领域组进行综合研讨，每个子领域最终确定1项最关键的技术方向并进行详细的发展策略分析。

二、本领域技术预见结果分析与关键技术选择

1. 技术实现时间分析

图3-1给出了“土木、水利与建筑”领域技术方向三类预期实现时间的分布图，表现出的总体规律为：世界技术实现时间最早，中国技术实现时间次之，中国社会（应用）实现时间最晚。中国技术实现时间相对世界技术实现时间晚2—3年，中国社会实现时间相对中国技术实现时间晚2—3年。

图3-2（a）为世界技术实现时间的分布图，41.03%的技术可以在2024—2026年实现，其余技术均可以在2030年前实现。图3-2（b）为中国技术实现时间的分布图，只有3.85%的技术可以在2024—2026年实现，绝大部分技术均可以在2030年前实现，不足4%的技术预计

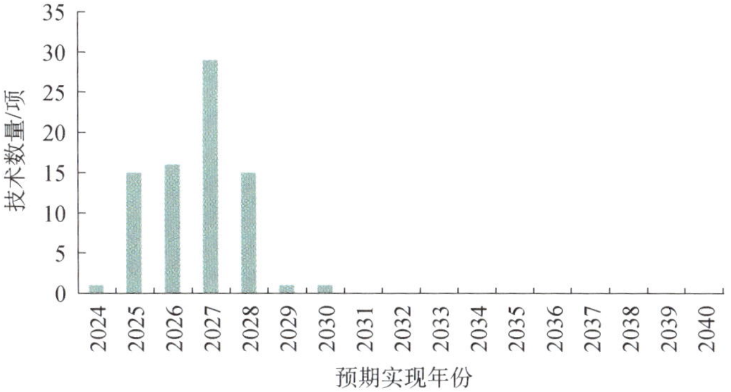

(a) 技术实现时间（世界）

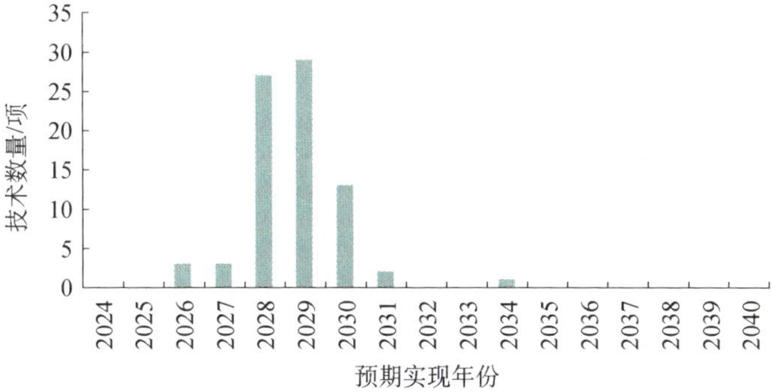

(b) 技术实现时间（中国）

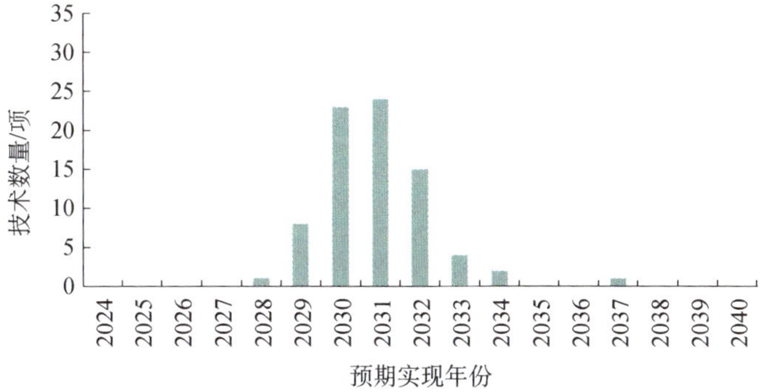

(c) 社会实现时间（中国）

图 3-1　三类预期实现时间分布

在 2030 年后实现。图 3-2（c）为中国社会实现时间的分布图，可见 41.03%的技术可以在 2030 年前实现，其余约 59%的技术预计在 2031—2040 年实现。

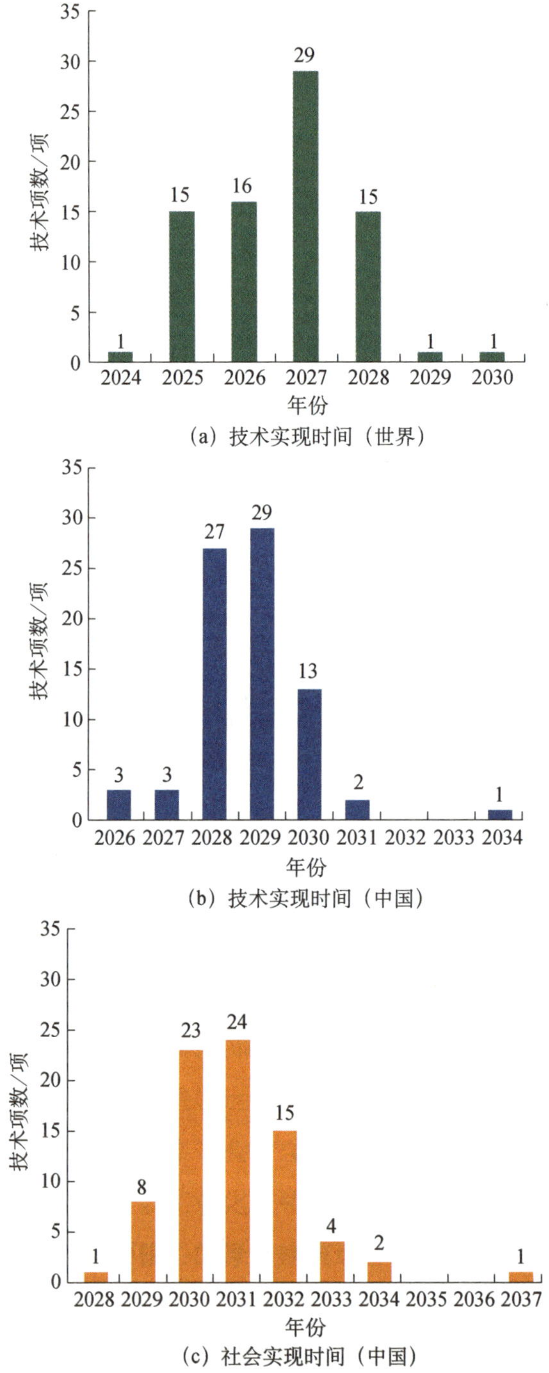

图 3-2　三类预期实现时间比较

2. 技术实现时间与社会实现时间跨度分析

1）技术实现时间与社会实现时间的跨度

如图 3-3 所示，选择综合重要性前 30 的技术，比较分析从技术实现到社会实现的时间跨度，可以发现平均跨度为 2—3 年，各个技术项目的时间跨度分布较均匀，最长 3 年，有 11 个技术项目从技术实现到社会实现的时间跨度都是 3 年。然而，“通信导航一体化技术”，技术实现与社会应用几乎同步。

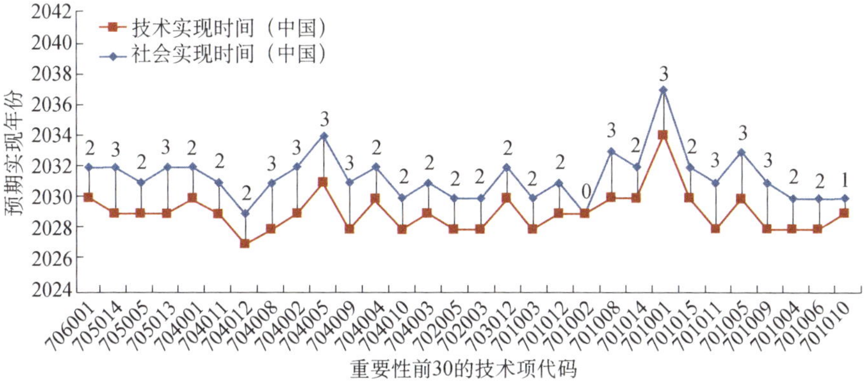

图 3-3　技术实现到社会实现的时间跨度

注：图中数字标签表示每种技术对应的时间跨度

2）重要性前 30 的技术的实现时间及子领域分布

以技术时间为横轴，技术实现与社会实现的跨度为纵轴作图，如图 3-4 所示，可见“测绘与区域发展”子领域技术实现到社会应用的时间差异比较大、长短不一，“土木与材料”和“水利与水资源”子领域技术实现到社会应用时间相对较长，均需 2—3 年。

3）中国与世界技术实现时间差距比较分析

如图 3-5 所示，对综合重要性前 10 的技术，比较分析我国与世界的技术实现时间差距。总体而言，“土木、水利与建筑”领域中综合重要性最高的相关技术中，我国技术实现时间大多晚于世界技术实现时间 1—4 年。其中，“立体导航与无人驾驶汽车导航”技术方向接近世界先进水平，中国技术实现时间仅晚于世界技术实现

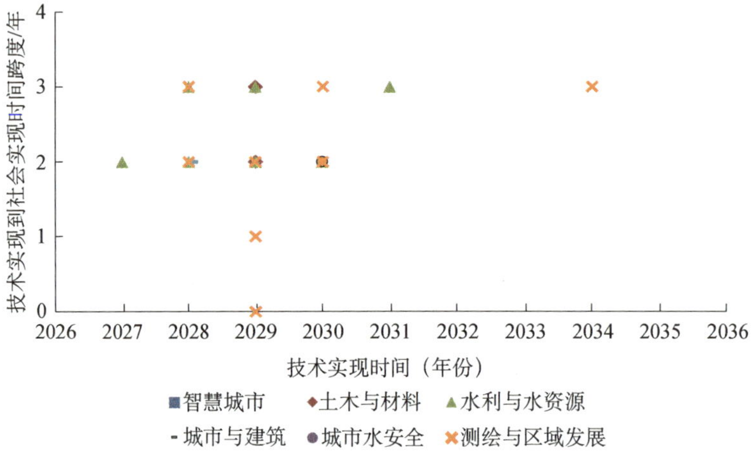

图 3-4　重要性前 30 的技术的实现时间与子领域分布

时间 1 年；而“流域水循环及其伴生过程的综合模拟与调控技术”和“水-粮食-能源-生态多维交互效应与协同调控技术”与世界水平还存在一定差距，我国技术实现时间晚于世界技术实现时间 3—4 年。

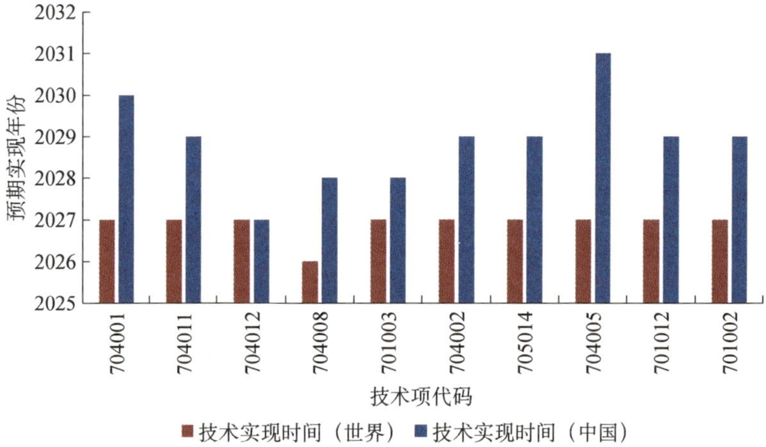

图 3-5　中国与世界技术实现时间差距

4）技术预计实现时间与重要程度综合分析

将综合重要程度指数按从大到小排序，前 1/3 的区域定义为“高重要程度区域”，中间 1/3 区域定义为“中重要程度区域”，后 1/3 区域定义为“低重要程度区域”。同时对技术方向预计实现时间进行分类，将2025年及以前定义为近期，2026—2030年为近中期，2031—2035年为中长期，2036年以后为远期。

根据德尔菲调查结果，技术方向按照“预计实现时间”和“综合重要程度指数”两个指标进行分类，结果如图3-6所示。在所预见的全部技术方向中，“高重要程度区域”只有1项技术近期能够实现，“中重要程度区域”有4项技术近期能够实现，“低重要程度区域”有11项技术近期能够实现，整体看技术项目重要程度越高，其技术实现时间就越长。全部技术项目预计均可在近期和近中期实现，预计近中期能够实现的技术方向有62个。

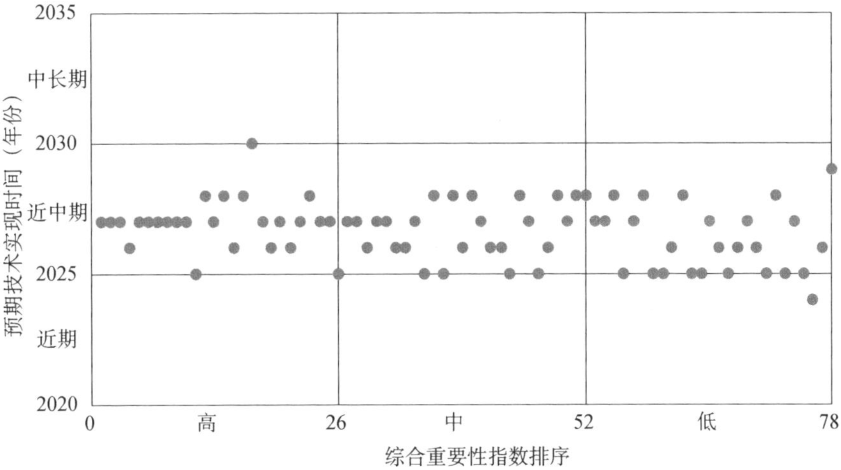

图3-6　技术预计实现时间与重要程度分析

3. 技术水平与约束条件分析

根据对各技术方向的研发水平、技术领先国家（组织）、约束条件等方面的统计结果，可以选择各领域研发水平最高、受各类因素制约程度最大的技术方向，并对技术项/子领域/领域整体的技术发展水平与约束条件进行分析，为制定本领域的中长期发展战略和技术路线提供重要依据。

1）技术领先国家（组织）

如图3-7所示，“土木、水利与建筑”领域技术领先国家（组织）的判断如下：美国在“测绘与区域发展”和“智慧城市”子领域有着较明显的优势；欧盟在“城市与建筑”和“城市水安全”子领域有着较明显的优势；美国、欧盟和日本在“土木与材料”子领域技术基本处于并跑状态，且美国具有微弱优势。

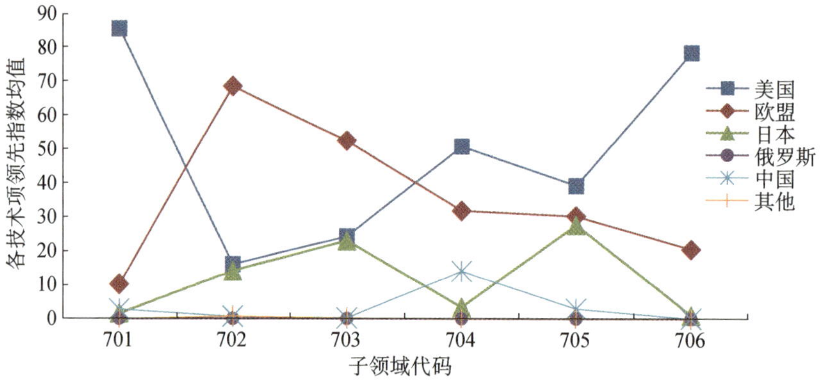

图3-7　技术领先国家（组织）分布

注：701—测绘与区域发展，702—城市与建筑，703—城市水安全，704—水利与水资源，705—土木与材料，706—智慧城市

2）研发水平指数

“土木、水利与建筑”领域78项技术方向的研发水平如图3-8所示，可以发现，研发水平指数大于80的技术方向有1个，介于60—80的有3个，介于20—60的技术方向有73个，低于20的技术方向有1个。其中，“复杂水工构筑物及超高坝全生命周期真实性态智能监控和安全防护机理研究”研发水平指数最高，“基于城市水环境承载力的综合管理技术及支撑平台”研发水平指数最低。

3）制约因素分析

“土木、水利与建筑”领域及6个子领域的制约因素如图3-9和图3-10所示。整体来看，研发投入和人才队伍是“土木、水利与建

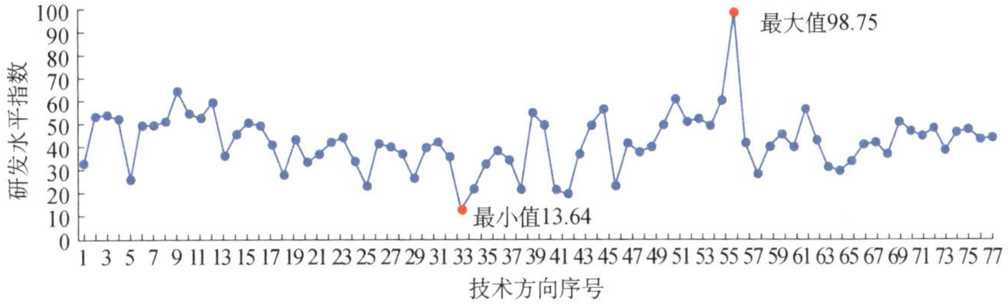

图 3-8　研发水平指数

注：图中技术方向序号与表 3-1 对应

筑”领域技术发展的主要制约因素。其中，“水利与水资源”子领域的主要制约因素有研发投入、人才队伍和协调与合作，“土木与材料”“智慧城市”“测绘与区域发展”子领域的主要制约因素有研发投入和人才队伍，“城市与建筑”“城市水安全”子领域的制约因素分布相对均衡，包括研发投入、标准规范、法律法规政策、人才队伍、协调与合作等。

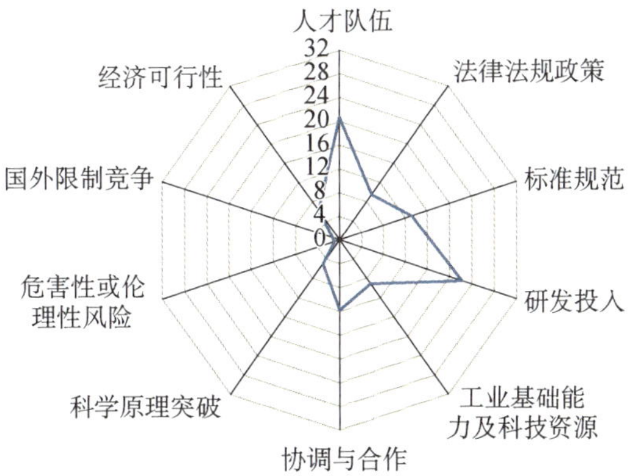

图 3-9　“土木、水利与建筑”领域制约因素情况

4. 技术重要性分析与关键技术选择

1）“土木、水利与建筑”领域关键技术方向

经过专家研讨分析，提出 10 项本领域关键技术方向，如表 3-2 所示。其中，“水利与水资源”子领域占 6 项，“测绘与区域发展”子领域占 3 项，“土木与材料”子领域占 1 项。其中，“水利与水资源”子

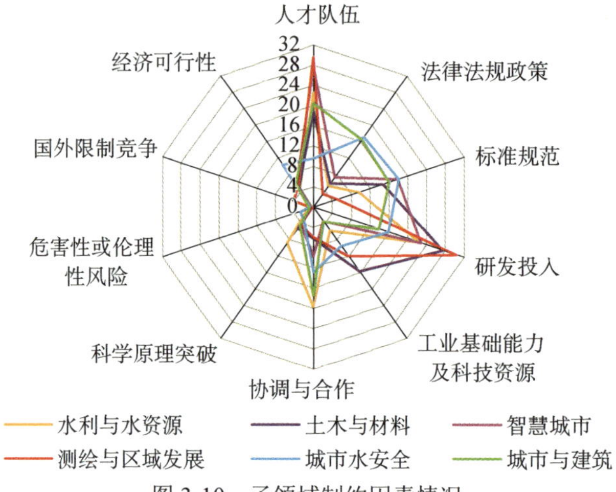

图 3-10 子领域制约因素情况

领域的“流域水循环及其伴生过程的综合模拟与调控技术”综合重要性指数最高，与“区域水平衡与国家水网布局优化关键技术”和“复杂水工构筑物及超高坝全生命周期真实性态智能监控和安全防护机理研究”位列技术综合重要性指数前3。

表 3-2 本领域关键技术方向

子领域	技术方向	综合重要性指数	实现年份			研发水平	目前领先国家/组织	制约因素
			技术		社会应用（中国）			
			世界	中国				
水利与水资源	流域水循环及其伴生过程的综合模拟与调控技术	95.72	2027	2030	2032	56.9	美国	人才队伍
水利与水资源	区域水平衡与国家水网布局优化关键技术	95.22	2027	2029	2031	60.64	美国	协调与合作
水利与水资源	复杂水工构筑物及超高坝全生命周期真实性态智能监控和安全防护机理研究	91.88	2027	2027	2029	98.75	中国	研发投入
水利与水资源	水风光电储融合与联调技术	90.37	2026	2028	2031	51.72	欧盟	研发投入
测绘与区域发展	立体导航与无人驾驶汽车导航	90.18	2027	2028	2030	54.55	美国	人才队伍
水利与水资源	数字孪生流域建设技术	89.40	2027	2029	2032	23.91	美国	人才队伍

续表

子领域	技术方向	综合重要性指数	实现年份			研发水平	目前领先国家/组织	制约因素
			技术		社会应用（中国）			
			世界	中国				
土木与材料	土木工程综合防灾减灾技术	89.25	2027	2029	2032	51.47	日本	研发投入
水利与水资源	水-粮食-能源-生态多维交互效应与协同调控技术	86.60	2027	2031	2034	40.54	美国	协调与合作
测绘与区域发展	大比例尺卫星测绘遥感技术	85.43	2027	2029	2031	59.8	美国	研发投入
测绘与区域发展	通信导航一体化技术	84.48	2027	2029	2029	53.85	美国	研发投入

2）本领域关键共性技术方向

经过专家研讨分析，提出 10 项本领域的关键共性技术方向，如表 3-3 所示。其中，“测绘与区域发展”子领域占 4 项，“水利与水资源”子领域占 4 项，“土木与材料”子领域和“智慧城市”子领域各占 1 项。“通信导航一体化技术”“立体导航与无人驾驶汽车导航”“区域水平衡与国家水网布局优化关键技术”位列共性技术重要性综合指数前 3。

表 3-3 本领域关键共性技术方向

子领域	技术方向	共性技术重要性指数
测绘与区域发展	通信导航一体化技术	96.23
测绘与区域发展	立体导航与无人驾驶汽车导航	91.67
水利与水资源	区域水平衡与国家水网布局优化关键技术	91.32
测绘与区域发展	全时空信息系统构建技术	90.39
土木与材料	土木工程综合防灾减灾技术	90.29
水利与水资源	数字孪生流域建设技术	88.60
测绘与区域发展	区域协同发展综合决策技术	87.98
水利与水资源	水风光电储融合与联调技术	87.47
水利与水资源	水-粮食-能源-生态多维交互效应与协同调控技术	87.22
智慧城市	基于数字孪生技术的城市建筑和基础设施智慧运维技术	87.09

3）本领域的颠覆性技术方向

根据统计分析结果并结合专家探讨，“土木、水利与建筑”领域面向2040年的颠覆性技术指数总体不高，相对而言，该领域的科技进步并不单纯取决于单项技术的突破，而取决于多项技术的交叉集成创新。

第二节　土木、水利与建筑领域工程科技体系发展能力分析

一、“城市与建筑”领域

1.“城市与建筑”领域发展优势

我国“城市与建筑”领域工程科技近年不断进行跨学科的合作，在某些方面取得显著进展，达到了世界先进水平。

（1）国家政策的顶层支持力度提升。随着城市化进程逐渐由快速的增量发展转向存量发展，国家政策导向更注重城市更新，避免大拆大建，关注城市人居环境品质的提升，为本领域相关先进技术的开发和应用提供了有力的支撑。

（2）旧城更新与既有建筑改造功能提升技术的推广和应用。既有建筑改造功能提升技术、旧城更新和功能提升与再开发关键技术、基于多规融合的城乡规划方法、计算机辅助设计三维基础平台软件等一系列技术已有一定的理论和方法研究基础，并且基于长期持续的推进措施，上述关键技术正在逐步研发完善，最终形成成套的技术体系。

（3）数字技术和绿色低碳技术的推广。数字技术的推进对本领域提升技术精度、拓宽技术应用广度和加快技术变革速度均有重要的辅助作用。绿色低碳技术与城市更新技术的结合，有利于在本领域中既有建筑绿色更新方面实现弯道超车。

2.“城市与建筑”领域存在的劣势

与此同时，我国“城市与建筑”领域的发展也面临一些问题和挑战，需要在未来重点关注，主要的劣势包括以下两个方面。

（1）标准规范的落后是主要制约因素。结合专家研讨情况，建议

在国家科技计划中加强直接服务标准编撰工作的专项科研经费投入，充分发挥标准规范对旧城更新与既有建筑改造的引领作用，推进旧城更新与既有建筑改造的核心技术研发与应用推广。面向2040年，该技术方向的总体发展战略目标为：推动旧城更新与既有建筑改造功能提升技术向多学科深度结合的集约化、立体化、协同化、智能化、一体化、绿色化方向发展。

（2）跨学科人才队伍的培养是另一项劣势。本领域的数字及低碳技术的研发、应用和推广，需要相当规模的跨学科人才，同时具备较高的科研突破和工程实践能力，目前仍缺少能有效推进该类复合型人才的培养的相应的合作机制或平台。

二、“土木与材料”领域

1. “土木与材料”领域发展优势

我国“土木与材料”领域工程科技近些年取得了巨大的进步，在某些具体技术上实现了飞跃，达到了世界领先水平，具体而言，本领域科技发展能力的优势如下。

（1）自主研发的设计建造技术可以有效支撑重大工程的快速建设。近年来我国土木工程建设飞速发展，城市化与基础设施建设方面的需求持续增长，为本领域工程技术的发展提供了巨大的市场机会。一些重大基础设施项目的建设也对设计和施工技术提出了更高的要求，比如超高层建筑、跨海大桥和隧道等，从而推动本领域工程科技的长足发展和进步，也积累了丰富的实践经验，相关技术可以对“上天、入地、下海”的发展战略提供可靠支撑。

（2）数字化、智能化技术的交叉融合为本领域工程技术的发展提供新的增长点。近年来，信息技术的快速更新迭代为社会进步注入了新的活力，土木工程与新一代信息技术的交叉融合方面的研究与应用正在如火如荼地开展，推动土木工程向数字化、信息化、智能化方向转型，可以有效提高工程建设的效率和质量，推动土木工程行业高质量发展。

（3）高素质人才储备引领本领域工程科技的高质量发展。我国“土木与材料”领域的人才储备较为雄厚，本领域1970年后出生的青年学者数量已超过美国，处于国际领先地位。此外，截至2020年，我国工程建设相关领域的中国工程院院士有102人，占中国工程院院士比例为13.8%；相关领域的中国科学院院士有148人，占中国科学院院士比例为2.48%；勘察设计大师292人，占全国勘察设计大师比例为52%。人才是第一资源，引领工程科技的创新驱动，为本领域的科技进步提供强大动力。

2.“土木与材料”领域存在的劣势

与此同时，本领域工程科技发展也面临一些问题和挑战，需要在未来一段时期内重点关注，具体存在的劣势如下。

（1）行业相关标准规范的更新难以跟上新技术发展的脚步。土木工程行业具有重度依赖标准规范的特点，工程的设计、施工、验收等环节均需要严格按照发行的标准规范进行，这样的规则体系有利于规范行业秩序，保证工程安全。然而，标准规范的修订流程复杂、更新周期较长，会严重制约本领域新材料、新理论、新技术和新方法的发展、落地和推广，在一定程度上限制了科学技术的创新和应用。

（2）多灾害频发对土木工程综合防灾减灾技术提出了重大挑战。我国是一个自然灾害多发国家，面临地震、暴雨洪涝、台风、滑坡和泥石流等各类自然灾害的威胁。因此，为减少自然灾害对人民生命财产安全带来的损失和影响，需要重点发展土木工程综合防灾减灾技术，这也是技术预见调研结果中本领域“核心性与应用重要性指数”位列第一的技术。土木工程综合防灾减灾技术综合性高、覆盖面广，涉及高性能结构体系、可恢复功能抗灾新型结构、灾害作用与灾变荷载模型、材料与结构的灾变响应、防灾预警体系等技术，在时间周期上也涵盖了规划—设计—施工—运维—拆除全寿命周期，需要长期持续的研发投入来逐步推进相关技术进步，最终形成土木工程综合防灾减灾技术体系，从而提高土木工程基础设施防灾减灾能力。

（3）研发投入在一定程度上限制了重大科学技术的发展。土木工程具有规模大、周期长、成本高等特征，要推动本领域重大科技的创新发展需要长期持续且较高的研发投入。虽然我国政府近年来加大了科技研发投入，但与发达国家相比，我国在科技研发领域的资金投入还有很大差距。此外，在重大科技项目的管理制度方面，也存在一定的“重申请、轻验收”以及评价标准不明确、科技成果转化难等问题，这也可能会影响科研经费投入对推动科技创新的实际效果。因此，要增加对本领域“卡脖子”问题的科技研发投入，优化科研项目管理制度，为科学研究和技术创新提供充分的资源支持和良好的科研环境。

三、“水利与水资源”领域

1. “水利与水资源”领域发展优势

我国“水利与水资源”领域工程科技近些年发展迅速，特别是在大型水利工程建设等技术上实现了飞跃，达到了世界领先水平，具体而言，本领域科技发展能力的优势如下。

（1）本领域关键技术研发取得一定突破。针对重要区域水利与水资源问题，近年来，我国开展了“国家水资源立体监测体系与遥感技术应用”“国家水资源承载力评价与战略配置”“国家水资源动态评价关键技术与应用”等多项重点研发计划，同时面向京津冀协同发展、雄安新区建设、长江大保护、黄河流域生态保护和高质量发展等一系列国家区域重大战略，开展了水资源安全供给、水灾害治理、水生态环境保护修复等多方位水安全保障技术研发与示范应用，为服务全国水资源安全保障提供了关键技术支撑。

（2）具有自主化、自动化、智能化等特点的新时期水利行业产品软件研发取得了显著进步。近年来，我国在水循环模拟、水灾害预报、智慧水利、水资源调度管理等方面开展了多点攻关，初步形成了一批具有友好界面和自主产权的产品软件，如水利部/流域/省三级通用的水资源调度通用软件、气象水文预报服务大数据平台、智慧水利视频集控与智能化应用平台、跨流域调水工程水资源综合调度系统、突发水污染应急调控与处置决策支持系统平台等，有力支持了本领域的快速发展。

（3）规模庞大的水利工程建设管理积累了丰富的治水经验。我国水库从新中国成立前的1200多座增加到近10万座，5级以上江河堤防超过30万km，规模以上水闸10万多座，规模以上泵站9.5万处，全国水利工程供水能力达到8600多亿m^3，全国农田有效灌溉面积由2.4亿亩[①]增长到10.2亿亩，位居世界第一，大中型灌区发展到7800多处（李肇桀等，2021），三峡水利枢纽、南水北调工程等一批关系国脉国运、民族盛衰的大国重器建成并发挥重要作用，成为中国国力提升的重要标志和大国治理优势的体现，为本领域发展提供了宝贵的经验。

2.“水利与水资源”领域存在的劣势

与此同时，我国“水利与水资源”领域工程科技发展也面临一些问题和挑战，需要在未来一段时期内重点关注，具体存在的劣势如下。

（1）水利与水资源监测预报高端设备、应用软件国产率和智慧化水平较低。我国流域水循环模拟软件、洪涝动态模拟系统、水资源管理与经济模型等技术手段相对落后于实践需求，设备装备自主研发滞后，智能化水平低。在水资源监测预报、开发利用、保护治理方面的诸多关键共性技术、高端仪器设备和主要应用软件依赖于国外引进，以人工智能、大数据、物联网等为代表的新一代信息技术与水资源系统管理缺乏深度融合，现代化治水科技供给明显不足。

（2）水利工程管控技术滞后。我国在重大水工程勘察、设计和施

① 1亩≈666.7 m^2。

工方面已进入自主创新、引领发展阶段，但在地质条件复杂地区开展水利工程建设，技术上仍不成熟。同时，随着我国水工程数据的逐渐增加，大规模的水利工程管理技术仍以传统理念为主，在全寿命期绿色管理、安全风险评估和调控方面技术相对落后。

（3）水生态保护治理理论方法与技术亟须强化。着眼生态文明建设全局，围绕河湖生态需水保障、面源污染防控、水源涵养区保护等理论方法与技术多为"舶来品"，应用于我国后普遍存在物理机制不足、适应性不强、难以推广等问题，结合我国国情和流域生态环境特点，开展重点流域的水生态保护与系统治理理论-技术-应用全链条的创新迫在眉睫。

四、"城市水安全"领域

1. "城市水安全"领域发展优势

在全球水资源危机的驱动下，我国"城市水安全"领域取得了长足的发展和进步，稳步推进各项技术的更新与迭代，保持世界先进水平，具体而言，本领域科技发展能力的优势如下。

（1）符合"双碳"目标需求的零碳饮用水处理工艺已迈入工程实践阶段。在国外常规的"常规处理—深度处理—膜分离"的多级复杂工艺基础上，我国走向"无动力渗透膜"单级工艺的发展道路，为城市供水安全保障技术的更新迭代注入了新的活力。相应的配套技术为城市给水厂的升级改造提供了更优的技术方案，例如适配于"无动力渗透膜"工艺的氧化、凝聚、微气泡等协同处理技术，低能耗抗污染膜、低阻力纳米复合膜等制备技术，适配于"无动力渗透膜"工艺的饮用水深度消毒工艺等，形成一系列零碳水处理成套技术与装备，大幅度降低了运行成本，稳步迈向低碳、安全、高适应性的城市水系统发展目标。

（2）面向节能、低碳与资源回收的新型污水处理技术加快落地。针对不同回用途径的再生水制备技术不断发展与进步，实现水资源在自然系统与社会系统之间的良性循环。水系统中营养物质的循环利用技术逐步完善，减少了能源使用及废物的产生，使之对总环境影响最小，甚至产生环境效益。污水处理观念与技术面向节能、低碳和资源回收的目标不断迭代发展。

（3）数字化、智能化技术助力城市水系统低碳优化运行，水环境智能检测平台稳步推进，实现对饮用水水源的智能化综合分析，收集监测数据、同步实行水质数据统计与分析，全面评价水源水质动态变化规律及趋势，及时预测、预警和实施动态调控。智慧管网与智慧水处理工艺的落地与产业化改变了城市水系统的传统发展模式，为行业工程技术的发展提供了新的增长点。

2. “城市水安全”领域存在的劣势

然而，我国“城市水安全”领域工程科技发展仍面临一些问题与挑战，可能影响我国在未来的全球竞争优势，具体存在的劣势如下。

（1）城市水系统缺乏整体规划设计，城市水安全面临潜在风险。全球气候变化导致极端天气频发，同时由于城市建设过程中忽视城市空间应具有的生态功能，如农田、林地变为硬质铺地，大量河流变为管道暗渠，湖泊湿地变为高楼大厦，自然界积蓄降雨的各类海绵体被硬质地面所取代，城市整体生态功能退化。再者系统性水管理机制与整体规划的缺乏，导致城市在面对大暴雨的强大冲击时，排水泄洪系统难以承受其负荷。

（2）城市二次供水存在安全隐患，缺乏经济高效的安全保障技术。二次供水设备建设不规范造成的用户龙头水水质恶化的现象时有发生，威胁居民饮用水水质安全。绿色终端水质保障技术发展不足，输配过程中产生的悬浮物、病毒、致病微生物（贾第虫、隐孢子虫、芽孢杆菌等）及铁、锰、过量的钙镁等其他有害成分进入居民的龙头端，亟须发展满足高品质饮用水需求的城市二次供水绿色终端水质保障技术。

（3）城市再生水利用发展不均衡，安全保障体系存在诸多薄弱环节。源头控制、过程控制、用户端控制和区域循环利用的再生水安全保障体系不够完善，全过程水质水量监测、风险控制、事故防范与应急管理长效机制不够健全，缺乏科学合理的城市水系统评估、规划、设计、建设和运行管理技术体系及标准规范。亟须开展城市水系统的整体性与时空关联性研究，实时监控城市外源和内源对水系统的多种影响。

五、“测绘与区域发展”领域

1.“测绘与区域发展”领域发展优势

我国“测绘与区域发展”领域工程科技近些年取得了巨大的进步，在某些具体技术上实现了飞跃，达到了世界领先水平，具体而言，本领域科技发展能力的优势如下。

（1）自主研发的北斗卫星导航系统及地理信息平台等有效支撑了我国社会发展与重大领域应用。近年来，我国先后建设北斗一号、二号、三号系统，逐步完成我国自主建设的卫星导航系统，在全球范围内提供导航、定位与授时能力，并形成了完整产业链，在国民经济和社会发展等多个领域发挥重要作用，为我国重大战略实施提供了支撑。

（2）高速信息化与互联集成的基础技术体系逐步融入本领域工程技术体系中，赋予了新的发展动能与应用增长。随着大数据、云计算、物联网等基础技术发展，测绘工程领域的技术产品逐步嵌入与集成相关应用，产生了较高的融合效益，进一步推动测绘工程体系向技术与数据集成化、平台与设备协同化、产品与应用融合化发展，将有效提升本领域的技术升级与应用。

（3）高质量科研平台与人才队伍引领本领域的创新与技术突破。我国测绘领域具备多位领军人物，在推动我国重大测绘工程的建设上发挥着举足轻重的作用，以此为基础培育了一批优秀的测绘科研团队，为我国相关领域的技术发展与产品研发提供了主要人才支撑。

2. “测绘与区域发展”领域存在的劣势

与此同时，我国“测绘与区域发展”领域工程科技发展也面临一些问题和挑战，需要在未来一段时期内重点关注，具体存在的劣势如下。

（1）工业基础能力与科技资源的建设和创新性难以支撑测绘领域重大技术与工程发展。本领域技术与工程的重要性、颠覆性较强，设备载体的精度与技术集成度要求较高，我国在实现现代信息化与工业化融合发展的基础上具备了一定的工业基础能力与科技基础资源，但在先进制造与关键性基础工艺上研发能力较弱，应用较缓，在一定程度上限制了本领域重大技术与工程的集成实现。

（2）地球协同感知与地球归一化技术的国际研究差距依旧较大。我国当前对该技术的研发水平相比于国际水平还存在差距，尤其是相比于美国；相比世界技术实现时间，我国约晚2年。从我国自身状况来看，国土面积广阔与地表环境复杂现状对协同感知技术提出了较高需求；从国际竞争来说，发展该技术对全面建设测绘强国，提升资源环境调查利用、军事保障及战略威慑、极地开发及深空探测的能力和水平具有重要而深远的战略意义，该技术的核心性与颠覆性均排名第二，表明了该技术对于相关行业发展及技术革新较为重要。因此，建议借鉴国际上的先进经验，加速开展地下、地表、天空及卫星/行星等综合对地观测技术研究，实现对地球系统全覆盖、全参量、多粒度、高精度连续观测，同时开展包括大气、海洋、陆地动态模型的地球一体化模型技术研究，并按照外层空间、大气层、地球表面、海底和地壳内将观测和监测分为五层，研究地球观测和地球状态实时监测技术，最终融合渗透测绘遥感、地球物理、物联网、大数据技术，加快地球协同感知的趋势。

（3）研发投入与人才队伍不足在一定程度上限制了本领域相关科学技术的发展。从技术约束条件来看，这种不足极大限制了本领域的技术发展，尤其在导航与通信的新技术领域上较为薄弱。随着技术升级与应用深度的拓展，测绘工程逐步走向多学科交叉、多体系集成的技术体系。推动本领域重大科技的创新发展与人才培养，实现技术突破与国际竞争优势，需要持续较高的研发投入。可通过制定一批重大科技项目推动重点技术发展与人才培养，同时树立新的教学思想和学科体系，从基础层面培育一批优秀的技术人才。

六、“交通工程”领域

1. “交通工程”领域发展优势

自21世纪以来，我国交通运输业蓬勃发展，综合交通枢纽建设明显加快，各种运输方式衔接效率显著提升。我国“交通工程”领域工程科技近些年取得了巨大的进步，本领域科技发展能力的优势如下。

（1）设计理论和计算方法取得了重大突破。精细的有限元分析理论在交通基础设施设计中得到普遍应用；开展了基于全寿命可靠度的工程结构、大型结构抗风抗震设计等设计理论与方法的研究，着眼于全寿命周期的近似概率极限状态设计方法正成为主流，注重概念设计和基于性能设计方法的研究和应用。研发了高速铁路轮轨关系理论、海岸工程泥沙动力分析、三维边坡稳定性分析、车线桥耦合作用等理论与方法并应用于交通基础设施设计，保证了结构的安全适用；在软土地基沉降变形控制、桥梁防灾减灾技术体系、高地应力软岩大变形隧道设计理论、特殊复杂条件下结构设计及计算方法等方面取得了重大突破，解决了一系列重大工程难题。

（2）部分交通装备世界领先，新技术及新工艺提高了交通基础设施建设水平。重大工程施工设备的技术水平屡创新高，深水碎石高精度整平船、特大型耙吸挖泥船、超大直径钻孔桩钻机、1000 t缆载吊机、大直径盾构机、全回转自航浮吊等重大工程装备和复兴号中国标准动车组、C919大型客机等载运装备代表了中国制造的能力。新一代信息技术在交通运输领域广泛应用，智慧公路、智能航运、智能高速铁路、智慧民航、智能仓储配送等快速发展，交通运输安全技防水平和应急处置能力显著提升。研发了1000 t级高速铁路整孔简支箱梁运架设备，形成了集建筑信息模型设计、信息化预制、千吨级运架设备和智能运架技术于一体的铁路简支箱梁制运架成套技术；开展了复杂地质及恶劣气候条件下交通基础设施施工技术研究，在大跨度桥梁、深水基础、不良地质条件下长大隧道、地下交通枢纽、远海岛礁、全自动集装箱码头等基础设施施工技术方面取得突破。

（3）交通基础设施建设技术跻身世界前列，组织建成了一批（如京沪高速铁路、港珠澳大桥、北京大兴国际机场、洋山港四期码头等）世界级工程；施工质量高、安全事故率低、创新成果丰硕，成绩斐然。

2. “交通工程”领域存在的劣势

与此同时，我国“交通工程”领域工程科技发展也面临一些问题和挑战，需要在未来一段时期内重点关注，具体存在的劣势如下。

（1）基础理论创新能力有待进一步提高。如隧道结构设计与建设技术理论与标准体系，更大体量、特殊复杂环境条件下交通基础设施设计、建造和养修等技术；建筑信息模型、大数据、云计算等信息技术在交通工程领域中的应用起步较晚，与国际先进水平存在较大差距。

（2）绿色环保技术需进一步加强。在设计技术方面，虽然我国已开始引入全寿命周期设计理念，但是还处于起步阶段，绿色环保理念在设计方面的应用仍得不到普遍的重视，绿色化水平不高，加重了生态环境的负担。在施工技术方面，与一些发达国家相比，部分施工设备老旧，清洁能源使用比例较低，机械设备的能源清洁化水平有待提升。此外，在施工措施、施工工艺、施工标准与政策等方面与国际水平相比还存在一定差距，施工中环保理念需进一步加强。在养护技术方面，与发达国家相比，我国在养护时资源消耗量较大，环境影响问题相对突出。在结构耐久性方面，标准还不高，使用材料尚未达到绿色环保要求，材料的回收利用及建筑垃圾处理工作尚需加强。

七、“智慧城市”领域

1. “智慧城市”领域发展优势

我国“智慧城市”领域工程科技近些年取得了巨大的进步，技术体系逐步完善，联合团队不断壮大，工程实践增速快、成效高，具体而言，本领域科技发展能力的优势如下。

（1）智慧城市技术体系不断完善，关键技术研发有效推动了智慧城市工程建设与集成融合体系发展。我国智慧城市建设自起步以来就快速迈入高速发展时期，表现在政府、技术企业与科研队伍在技术研发与研究投入方面提供的有力支撑，为本领域技术的发展打下了坚实的基础，同时在设计与应用端进一步推动了技术的演进与革新。随着智慧城市技术体系的不断完善，应用尺度的拓展对智慧城市技术的融合与协同提出了更高的要求，城市级与城市群级的智慧化体系建设催生出更多的应用场景与实践项目，对于多元技术与融合设备的研发与应用积累了充足的经验，相关技术能够为构建多领域、广尺度的新型智慧城市发展战略提供可靠支撑。

（2）数字孪生理念与技术激发本领域工程技术的新动能，提升了应用维度。近年来，随着城市测量与建模技术的精细化与效率提升，数字孪生理念与技术在本领域的应用与研究不断深入，催生了一批集成逼真场景与孪生技术的城市级平台，有效推动智慧城市“感知、仿真、决策、控制”四位一体的协同体系的构建，提升了智慧城市技术研究的准度与前瞻性。

（3）政企校行一体的人才与资金投入塑造了本领域的技术基础与发展基调。本领域的发展由政府带动，孵化了一批优秀的技术型企业，对智慧城市关键技术的研发起到了关键作用。在行业侧，大量部门依托已有技术基础不断推动技术设备的革新，同时一批以院士及优秀人才领头的科研队伍在集成城市设计、技术融合与产品研发三位一体的智慧城市工程实践上进行了充分探索，培育了一批具备智慧城市思维与技术研究的人才，为本领域的科技进步提供了强大动力。

2.“智慧城市”领域存在的劣势

与此同时，我国“智慧城市”领域工程科技发展也面临一些问题和挑战，需要在未来一段时期内重点关注，具体存在的劣势如下。

（1）不同层面、不同领域的标准规范体系的复杂性限制了技术的集成与发展。智慧城市工程涉及国家、城市群、城市、园区、建筑等多个空间层面，融合了规划、建设、管理等多个业务领域，同时集成了多种相关技术与设备标准，在不同层次与环节的联动上均具有技术链条衔接、应用体系协同上的困难。尽管在局部技术发展与应用上取得了较好的实践成果，但缺乏标准的整合与控制体系，本领域的深度融合发展严重受阻，一定程度上限制了技术集成、应用开发与场景落地。

（2）城市环境与建筑结构的复杂化对城市智慧运维技术提出了深层次需求与挑战。我国长期存在社会经济要素分布的空间不均衡与城市建设环境的空间不协调等问题，二者共同产生了局部空间的大规模集聚，也在交通、环境等方面产生了大量问题。因此，需要重点结合数字孪生技术发展城市建筑与基础设施智慧运维技术，该关键技术的技术核心性指数、经济发展重要性指数和社会与国家安全重要性指数均排名第一，这表明该技术对我国带来的社会经济效益非常高，有利于提升国家安全。

（3）交叉融合型人才队伍发展较为缓慢，一定程度上限制了本领域技术的融合发展。智慧城市以城市个体为操作平台，横向上需要与传统城市规划、管理与运营体系实现有效融合与衔接。我国近年来尽管在“智慧城市”领域与“传统城市”领域均培养了一批深耕多年的基础性人才队伍，但对于两个领域交叉融合的综合型人才队伍培养较为薄弱。因此，建议加强在该新兴交叉技术领域的人才培养，引进高素质科技人才，坚持人才是第一资源，充分发挥人才在本领域的技术应用转化作用，有效推动智慧城市项目为解决城市实际问题发挥作用，协同相关体制机制为科学研究与技术发展提供良好土壤。

第四章　中国土木、水利与建筑领域工程科技发展的战略构想

第一节　发展思路

为实现安全可靠、绿色环保、智慧便捷、舒适宜居、经济适用的城镇化建设目标，土木、水利与建筑领域工程科技发展总体思路应充分体现绿色、生态、低碳、可持续、智慧化和具有地域文化特色等特征，围绕城镇化建设的相关技术领域，具体发展思路如下。

一、发展绿色、生态、低碳、可持续和具有地域文化特色的城市与建筑

面向2040年的中国城镇，应具备安全可靠、绿色环保、智慧便捷、舒适宜居、经济适用的突出特征。在全球化和地域化背景下，应发展绿色、生态、低碳、可持续的城市与建筑，重视科学技术与人文社会的交叉，重视与信息、能源、材料等领域的融合。“城市与建筑”领域的总体发展思路包括：发展新型人居环境的空间形态建设方法，运用数字技术解析多重尺度的城市形态和功能组织；建立空间再开发技术体系，探寻基于集约紧凑目标的城市化发展模式、基于资源节约和环境友好准则的城市化发展道路；开发绿色建筑的全寿命周期整合设计、建造和运营管理技术，重点关注气候适应性及装配式建筑设计技术；发展基于地域和文脉的建筑与城市设计理论及方法，重点发展城市与建筑遗产的价值评估、规划编制及建筑修复技术。

二、发展高性能绿色可持续土木工程

以高性能和绿色低碳土木工程材料为基础、以现代计算和试验手段为支撑、以智能化技术为驱动，重点发展以高安全性能、高施工性能、高使用性能、高耐久性能、高维护性能和高经济性能等为特征的高性能可持续土木结构工程，着力完善土木结构工程全寿命周期设计理论与方法体系，努力实现结构工程在设计、建造、运维和消纳各个阶段的高效率、低碳排放、低能源消耗与低资源消耗，力争实现结构工程综合性能最优，加强土木工程结构服役安全诊断与运维提升，实现结构高性能、高耐久、长寿命，积极推动各领域土木工程的健康与可持续发展。

三、构建智慧化、生态化和安全化的水利与水资源安全保障体系

深入贯彻党的二十大精神，以习近平总书记的治水思路“节水优先、空间均衡、系统治理、两手发力”和习近平总书记关于水利发展的重要论述为指导，针对中美摩擦、后疫情时代、国内国际双循环发展等大背景，坚持总体国家安全观，运用底线思维部署和规划科技发展，以“资源高质量保障支撑经济社会高质量发展”为理念，按照“安全保障、绿色开发、集约利用、高端供给、超前探索”的总体思路，通过高质量水资源安全保障体系构建，全面增强水资源领域的自主创新能力，掌握新一轮全球水资源领域科技竞争的战略主动权，实现国家智慧化、生态化和安全化的水利与水资源安全保障体系构建。

四、构建绿色、低碳、可持续的城市水系统

可持续的城市水系统应加强原水预处理系统和数字化的供水管理体系建设，实现供水管网水质安全保障，推动污水处理与再生利用的发展，建设城镇水循环系统，发展绿色、环保和环境相容性良好以及低成本的未来固废处置方法，开发新一代抗污染、高通量、低能耗、

多功能的水处理膜技术。

五、发展智能化测绘工程

智能化测绘是以知识和算法为核心要素，构建以知识为引导、以算法为基础的混合型智能计算范式，实现测绘感知、认知、表达及行为计算。智能化测绘重点在于发展地球空间信息智能服务技术，着力完善全球监测与实时智能服务理论与方法体系，努力实现测绘技术在地质测绘、工程测量、城市全息测绘、自动驾驶等领域的实时、高效、自动化，力争实现对地观测的实时智能服务和综合决策，积极推动社会经济运行效率的提升与可持续发展。

六、发展高质量智慧便捷的综合立体交通工程

重点发展以安全、智能、绿色为特征的高质量综合立体交通工程，攻克交通基础设施韧性提升及安全防控技术、交通基础设施提质升级改造技术等一系列关键技术与理论方法，建成便捷顺畅、经济高效、绿色集约、智能先进、安全可靠的现代化高质量国家综合立体交通网，实现国际国内互联互通，交通基础设施质量、智能化与绿色化水平居世界前列，交通运输全面满足人民日益增长的美好生活需要，有力保障国家安全，支撑我国基本实现社会主义现代化。

七、构建融合新一代信息技术的智慧城市系统

以数字孪生城市平台为基础、以人工智能技术为支撑，重点发展智慧城市综合感知与智能决策技术，着力完善全寿命周期智能感知-智能建造-智能服务-智能决策-智能运维关键理论，努力实现智慧城市先进技术在城市设计、建造、运维等环节的深入应用，力争实现高度融合的物理感知与社会感知，高度智能化的城市管理分析能力，以及高置信度的城市信息物理融合系统决策，实现城市的智慧、低碳、绿色与可持续发展。

第二节 战略目标

一、基于绿色、生态、低碳和可持续理念的城市与建筑内涵不断拓展，形成具有中国特色的新型城镇化范式，在规划设计、遗产保护、建筑技术等方面全面达到国际先进水平

在生态城市和绿色建筑方面建立起顺应国际潮流且符合中国国情的理论、方法和技术体系，基本实现尊重文脉传承和地域特色的中国城市与建筑的规划和设计，在城市与建筑遗产保护、先进数字技术运用等方面取得一批原创性和具有世界影响力的成果。

到2030年，在新城规划和城市更新方面建立起符合新型城镇化要求的方法和技术。通过多专业交叉与整合，建立起绿色建筑从设计到建造再到运营管理的全套技术。通过理论探索和工程实践，基本建立起可参与国际平等对话且符合中国地域和文化特色的建筑与城市设计理论和方法。显著提升城市与建筑遗产保护的技术水平，扭转建设性破坏的困局。在城市与建筑的先进数字技术研发和运用上取得长足进步。

到2040年，绿色、生态、低碳和可持续不仅成为“城市与建筑”领域的主导思想，相关支撑技术也形成完善的体系。城市与建筑工程总体水平有长足进步，先进技术运用的广度和深度明显提高。在理论、方法、技术的联合推动下，以设计为牵引，中国新型城镇化将产生一批成功的经典案例，相关经验和模式广为世界借鉴。在规划设计、遗产保护、建筑技术等领域全面达到国际领先水平。在城市和建筑的主要方向上全面达到国际领先水平，包括规划设计、遗产保护、建筑数字技术等。

二、土木工程高性能、绿色可持续发展内涵不断丰富，我国土木工程科学技术处于世界领先水平

以发展高性能绿色可持续土木工程为总体思路，通过一系列技术

创新推动土木工程行业的深刻变革，实现我国从“土木工程大国”到“土木工程强国”的蜕变。分阶段战略目标如下。

到 2030 年，研发成功一系列具有高性能、低消耗、低排放、长寿命、高耐久、高安全、高品质、高效率等特征的土木工程材料及其结构体系，土木工程材料与结构的范围得到充分拓展；提出面向结构的科学合理的材料指标以及基于材料的结构优化方法，为材料-结构一体化奠定理论基础；新型建筑工业化将深入贯穿设计、建造、运维等各个环节，成为土木工程新业态；提出基础设施服役性态指标智能感知传感装置与多场景多尺度通用智能识别方法，建立数据-物理模型耦合的评价、预测智能算法，为既有基础设施的高效智能诊治与运维效率提升提供可靠的理论支撑。

到 2040 年，在高性能土木工程材料及结构体系方面掌握若干国际领先的关键核心技术，在全国范围内得到广泛推广与应用；形成材料-结构一体化成套技术体系，并建立相关规范标准以指导土木工程的设计应用；智能建造技术将在各类基础设施工程中普遍应用，建造施工管理效率将获得极大提升；形成基于智能化方法的重大基础设施服役安全诊断感知、识别、评价、预测的基础理论和应用技术体系，提出各类基础设施性能提升的可靠方法与技术手段，有效提升结构服役性能、延长结构服役寿命，实现土木工程结构的绿色可持续健康发展。

三、“水利与水资源”领域在水利工程建设与安全化方面处于世界领跑阶段，水利智慧化和生态化技术不断完善，部分理论、技术达到领跑阶段

以习近平总书记“节水优先、空间均衡、系统治理、两手发力”的治水思路为科学行动指南，实现我国水利与水资源对国家重大战略的强力支撑。分阶段战略目标如下。

到 2030 年，通过水资源智慧配置调度、节约集约利用、系统治理保护以及水利工程生态安全建设与管理等理论与技术创新，有效支撑

我国水资源安全供给、利用效率和保护能力与水平的显著提升。

到2040年，面向国家水-粮食-能源-生态系统安全、五大区域性重大发展战略及新型城镇化建设等需求，针对国家水网工程建设、水循环监测预报、节水供水、河湖治理保护、水资源智慧管理等重点领域，突破基础理论、关键技术、高端装备和国产软件，支撑新时期我国复杂水网系统智能调配和水资源节约保护，推动国家水资源安全保障水平的提升与现代化治理能力的升级。

四、以可持续城市水系统为总体思路，通过技术创新与制度建设充分保障我国饮用水安全

以发展绿色、低碳、安全、可持续的城市水系统为总体目标，基于我国城市水系统的特征，通过一系列变革性技术创新和标准制度体系建设，使我国城市水安全保障能力实现质的突破，达到国际领先水平。分阶段战略目标如下。

到2030年，提出一系列绿色、低碳、安全、可持续的城市水处理变革性理论并研发相关技术，同步实现高效水质净化和资源回收，使我国城市水安全保障理论与技术得到极大发展；全寿命周期评价手段广泛应用于水处理过程中污染物释放及废弃物处置风险的评估和管理，降低水处理过程对环境的负面影响，并实现水处理过程中安全风险的有效管控；物联网、人工智能等新一代信息与通信技术在城市水系统的运行和管理中得到充分应用，智慧水务得到广泛应用，实现城市水安全保障体系的智慧化转型升级；识别我国城市水安全的风险特征，以源头管控为主，以末端治理为辅，建立起相适应的、系统的、完善的水质与技术标准体系和管理制度体系。

到2040年，绿色、低碳、安全和可持续的城市水处理技术在全国范围内得到推广和应用，形成污染物去除、资源回收、能量收集存储协同进行的高效水处理技术体系，并建立相关技术规范和标准；智慧城市水系统得到更为充分的发展和应用，实现城市水循环过程中物质

流和能量流的全系统、全周期的智慧监测和智慧管理，城市水安全保障体系建设进入智慧化发展阶段；建立起针对我国城市水安全风险的完善的标准制度体系，完成我国城市水安全保障体系的顶层设计，构建牢固的城市水安全屏障。

五、测绘工程智能化水平不断提升，我国测绘地理信息事业达到世界领先水平

以发展智能化测绘工程为总体思路，通过人工智能技术体系推动测绘行业的转型升级，实现我国测绘地理信息事业的高质量发展。分阶段战略目标如下。

到 2030 年，成功研发一系列具有高智能、低功耗、低延时、高耐久等特征的测绘装备及其应用系统，测绘行业的应用领域得到极大拓展；提出测绘工程智能化指标及测绘应用系统优化方法，为建成泛在测绘感知网络奠定基础；测绘智能化贯穿外业测量、数据获取与处理、质量管理等环节，形成测绘工程新业态；提出全时空对地对天监测系统与实时在轨处理技术实现方法，为实现全球观测的实时化与智能化提供可靠理论与技术支撑。

到 2040 年，新型智能化测绘仪器及应用系统掌握国际领先核心技术，并在我国得到广泛商业化应用；建成泛在测绘感知网络，形成成套技术体系，实现城市感知-数据-模型资源的网络化即时联动，并建立相关规范标准用以指导测绘应用；智能化测绘技术在各行业普遍应用，有效促进区域运行效率的提升；形成对地对天监测系统与实时在轨处理技术体系，实现全球观测的实时化与智能化。

六、我国交通运输工程持续高质量发展，交通基础设施质量、智能化与绿色化水平居世界前列

以发展高质量综合立体交通为总体思路，通过一系列关键技术与

理论方法的突破，推动我国交通运输行业变革，使我国从交通大国迈向交通强国。分阶段战略目标如下。

到2030年，基本搭建成全国重大交通基础设施智能预警网络，部分重大工程上网；研发综合性交通基础设施、偏远高寒地区韧性生命线工程成套建设技术及关键装备；高速铁路运营时速超过400 km；提出交通基础设施绿色建造技术体系，交通基础设施绿色化建设比例达到60%以上，全寿命周期碳排放降低5%；安全、智能、绿色理念深入交通工程设计、建造、管养全过程；重点区域多路径连接比率、综合立体交通网安全设施完好率以及交通基础设施数字化率得到极大提升。

到2040年，建立长期、高效、自动、精准的交通基础设施监测平台，形成“环境-结构-预警-决策”一体化平台；形成以川藏铁路工程为代表的极复杂环境下高质量建养系统理论、核心技术、关键装备、标准规范等成套体系；掌握时速600 km及以上的低真空磁浮高速铁路技术；交通基础设施绿色化建设比例达到90%，全寿命周期碳排放降低10%；基本建成绿色、智能、安全的现代化高质量国家综合立体交通网。

七、基于智慧城市理念、5G等数字技术的不断完善，我国将形成智慧城市的系统架构和技术体系，并在智慧城市规划设计、智慧交通、智慧治理等方面达到国际先进水平

智慧城市是把新一代信息技术充分运用在各行各业的城市信息化高级形态，加速催生智能交通、智慧能源、智慧金融、智能办公、智慧医疗、车联网、智慧楼宇等领域的智能化升级。同时智慧城市的进一步发展将会催生城市治理在技术和范围上的整体变革，这种变革将可能深化并触发城市管理体制与机制的革新。分阶段战略目标如下。

到2030年，智慧基础设施夯实，通过建设高速宽带泛在的新一代信息基础设施，推进智能交通、智能管网等城市基础设施建设，形成高度一体化、智能化的新型城市基础设施。智慧城市运行验证，通过

加强物联网、云计算、视频监控等技术手段在城市运行中的应用，实现智慧城市运行监测和智能安保应急，提高政府精准管理能力，使城市运行更加安全高效；拓展智慧城市服务情景，通过实施智慧医疗、智慧教育、智能金融、智能社区、智能家庭等一系列智慧应用，使城市服务更加及时便捷，有效提高市民的满意度，让城市发展的成果惠及大众。

到2040年，智慧城市技术发展实现城市全面感测，通过遍布各处的传感器和智能设备组成物联网，对城市运行的核心系统进行测量、监控和分析；实现数字城市与实体城市的充分整合，物联网与互联网系统完全连接和融合，将数据整合为城市核心系统的运行全图，提供智慧的基础设施；实现城市多系统协同运作，基于智慧的基础设施，城市中各个关键系统和参与者进行和谐高效地协作，达到城市运行的最佳状态；实现城市智慧创新，政府、企业和个人在智慧基础设施之上进行科技和业务的创新应用，为城市提供源源不断的创新发展动力。

第三节　总体架构

土木、水利与建筑领域工程科技发展总体架构如图4-1所示，为响应国家宏观发展战略，紧密结合新型城镇化建设、共建“一带一路”倡议和“双碳”目标的发展要求，结合中国国情、突出中国特色，坚持自主创新、加强学科交叉，以高性能绿色可持续城镇与基础设施建设为核心，通过绿色、生态、低碳、可持续和具有地域文化特色的城市与建筑，高性能绿色可持续土木工程，智慧化、生态化和安全化的水利与水资源安全保障体系，绿色、低碳、可持续的城市水系统，智能化测绘工程，高质量智慧便捷的综合立体交通工程，融合新一代信息技术的智慧城市系统等领域的统筹发展，在规划、设计、建造、运维、消纳全寿命周期内实现基础设施的高安全性能、高使用性能、高经济性能、高施工性能、高环保性能、高维护性能、高耐久性能、高抗灾性能，最终达到安全可靠、绿色环保、智慧便捷、舒适宜居、经济适用的城镇化建设目标。

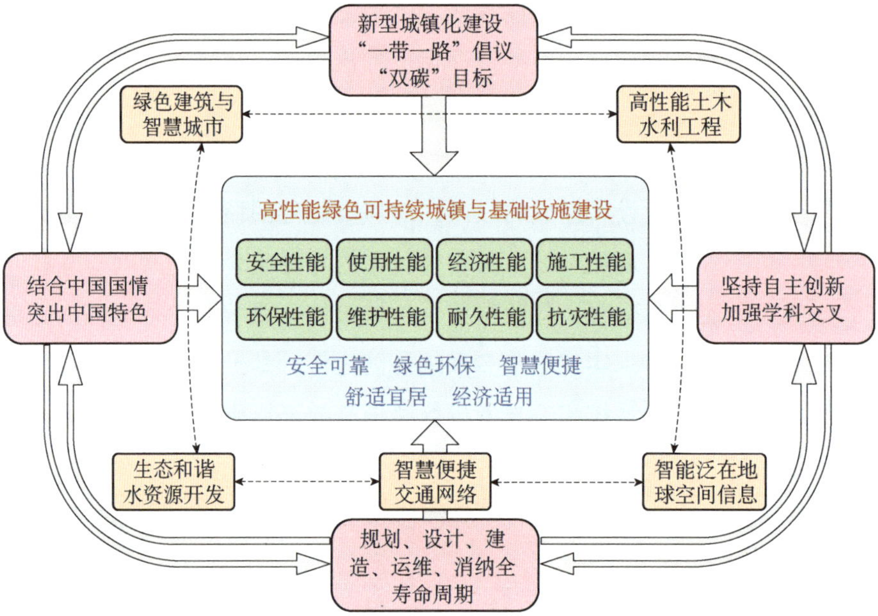

图 4-1　土木、水利与建筑领域工程科技发展总体架构图

第五章　中国土木、水利与建筑领域工程科技重点任务及发展路径

第一节　“城市与建筑”领域重点任务及发展路径

一、目标

至 2040 年，通过持续不断的科研探索和工程实践应用，“城市与建筑”领域力争达到如下发展水平：基于生态文明可持续发展和“双碳”发展目标需求，在城市设计、建设和实施管理全链条中，形成较为系统和全面的、集先进技术于一体的绿色城市设计技术体系，有效应对建成环境的绿色性能提升，为城市存量更新时期的城乡发展提供新的理论和技术支撑；提出基于多尺度要素导控和适应多功能类型的建成环境集约、复合利用的更新技术，实现城市环境品质和土地利用价值的整体提升；进一步深化物联网、区块链、机器人建造技术在绿色低碳建筑设计中的应用，完善建筑设计支撑技术体系，形成一系列具有示范意义的低碳、近零碳和零碳建筑。建立具有中华民族文化特色的城市建筑设计理论和方法，传承历史文脉及营造智慧，形成具有中国特色的标志性建筑作品，达到国际先进水平；进一步提升数字技术在“城市与建筑”领域运用的广度、深度和精度，大数据、移动互联网、人工智能、云计算等先进数字技术将从本质上提升城市设计的科学性，有力支撑城市人居环境品质的提升。

二、重点任务

“城市与建筑”领域的重点任务是：发展先进技术支撑下的生态低

碳城市规划设计方法和城市更新模式与技术体系，发展绿色建筑全寿命周期设计、建造与运营管理技术，发展基于地域和文脉传承的城市设计理论及方法，发展先进数字技术及其在“城市与建筑”领域的运用和评估等。

1. 先进技术支撑下的生态低碳城市规划设计方法和城市更新模式与技术体系

绿色低碳、集约高效的城市和建筑环境塑造是“城市与建筑”领域面向 2040 年的重要方向。首先，研究高密度城市建成环境再开发与绿色性能提升关键技术、紧凑城市和空间集约利用技术、城市建成环境太阳能综合利用技术、城市低能耗空间规划组织技术、城市微气候与空间形态优化技术、宜居空间形态改造技术、智慧交通与物联网的无缝衔接技术、城市公共设施的微型绿色能源技术、城市空间的可再生能源利用潜力评估技术等。其次，研究城市综合整治与有机更新的技术体系，包括城市-片区-街巷-建筑多重尺度、精细、大模型支撑下的功能复合与空间紧凑集约发展模式；基于海绵城市理念的城市韧性提升技术；适合超大城市的快速公共交通与站点片区城市交通一体化技术；基于综合价值提升的既有建筑保护与改造技术；公共服务设施智能化与基础设施活化技术。

2. 绿色建筑全寿命周期设计、建造与运营管理技术

面向 2040 年，建筑的绿色节能减排技术将进一步向多维度拓展。研究绿色建筑从设计到建造、运维和更新的全链条技术体系，包括建筑、信息、能源、材料等多专业整合的绿色建筑设计方法、绿色建筑性能模拟及优化技术，以工业化、装配式建筑技术为代表的绿色建筑建造技术，以智能化为核心的绿色建筑运营管理技术，实现低能耗及零能耗建筑；研究基于舒适健康保障的建筑室内环境建造和更新技术；研究在特殊地理和极端气候条件下的绿色建筑设计及实现技术；

开发支撑绿色建筑设计的关键软件技术工具；研究基于零碳导向的既有建筑更新技术，包括绿色建筑的性能评估指标体系和技术、建筑多源信息动态监测模型技术；研究物联网、区块链技术在绿色低碳建筑上的应用前景。

3. 基于地域和文脉传承的城市设计理论及方法

悠久的文化历史和多元的地域文脉建筑特色，为中国特色城市设计理论和技术方法的创新提供了坚实的基础以及相对较多的实践，也为检验相关技术的适应性积累了宝贵的经验，推动对现有相关规范、标准、导则的评估、研究、更新和编制。在对标国际建筑类学科发展前沿思想和理论的基础上，针对特定的地域文化，提出中国特色的建筑与城市设计理论及方法。研究考虑具有中国地域和文脉特色的建筑与城市设计理论及方法；结合中国典型区域的地理条件、资源禀赋、文化特色，提出适宜性的建筑与城市设计策略；开展具有示范性的工程实践，评价相关设计理论和技术方法的效果与价值，进而优化并推广相关成熟理论和技术方法。研究多尺度的城市和建筑遗产保护与更新技术，研究城市和建筑遗产的价值评估科学方法；开发历史街区保护与功能适应性提升技术；研究建筑遗产的修复和加固技术；研究建筑遗产的适应性再利用技术；研究建筑遗产的低碳绿色化改造技术。

4. 先进数字技术及其在“城市与建筑”领域的运用和评估

数字技术在“城市与建筑”领域的深度融合和应用将是面向2040年的重要发展趋势。研究“城市与建筑”领域的先进数字技术并探索其应用的方式和途径，基于先进数字技术，统筹建筑环境与文脉、功能与空间、营造技术与成本控制及形态设计于一体，建构多系统互动关联的设计复杂适应性系统，包括生成设计、交互设计、数控建造、算法运用、性能模拟和优化、3D 打印等，实现技术—想象力—生产力的全链条贯通；在城市和建筑项目上应用先进数字技术并创造出一批兼具技术先进性、原创性、实用性和普适性的作品。

三、关键技术及发展路径

面向 2040 年，“城市与建筑”领域应优先发展生态低碳城市和绿色建筑设计关键技术，基于地域气候特色和文脉传承的建筑和城市设计关键技术群，城市与建筑先进数字设计和建造关键技术群。发展路线图如图 5-1 所示，具体发展路径如下。

（1）生态低碳城市关键技术群。以规划设计生态、低碳的城市与乡村为目标，以经济、环境、社会、人文协调发展为理念，通过多学科交叉，研发并建立起生态低碳城乡规划设计和城市更新的关键技术群。具体包括研发紧凑型城市和空间集约利用的规划设计技术；研发城市低能耗空间规划组织技术；研发城市物理环境改善和优化技术，包括监测、模拟和规划设计等；研发宜居空间形态设计技术；研发适应地理、气候、社会、经济条件的乡村规划在地性设计技术；研发智慧交通、无人驾驶技术与城市空间互动的协同规划设计技术；研究基于功能转换的城市既有建筑适应性再利用技术。

（2）绿色建筑设计关键技术。关注绿色建筑生产建设的全链条，从设计到建造再到运营管理，研发支撑绿色建筑全寿命周期的关键技术群。具体包括研发绿色建筑性能模拟和智能优化技术，开发新一代高效能绿色建筑性能模拟与优化软件；研发基于多专业协同的绿色建筑整合设计技术；研发以工业化为代表的绿色建筑建造技术和以智能化为核心的绿色建筑运营管理技术；研发绿色建筑性能在线监测与优化调节技术；研究在不同地理、气候、资源条件下的地域绿色建筑设计与建造技术；研发绿色建筑整体性能评估技

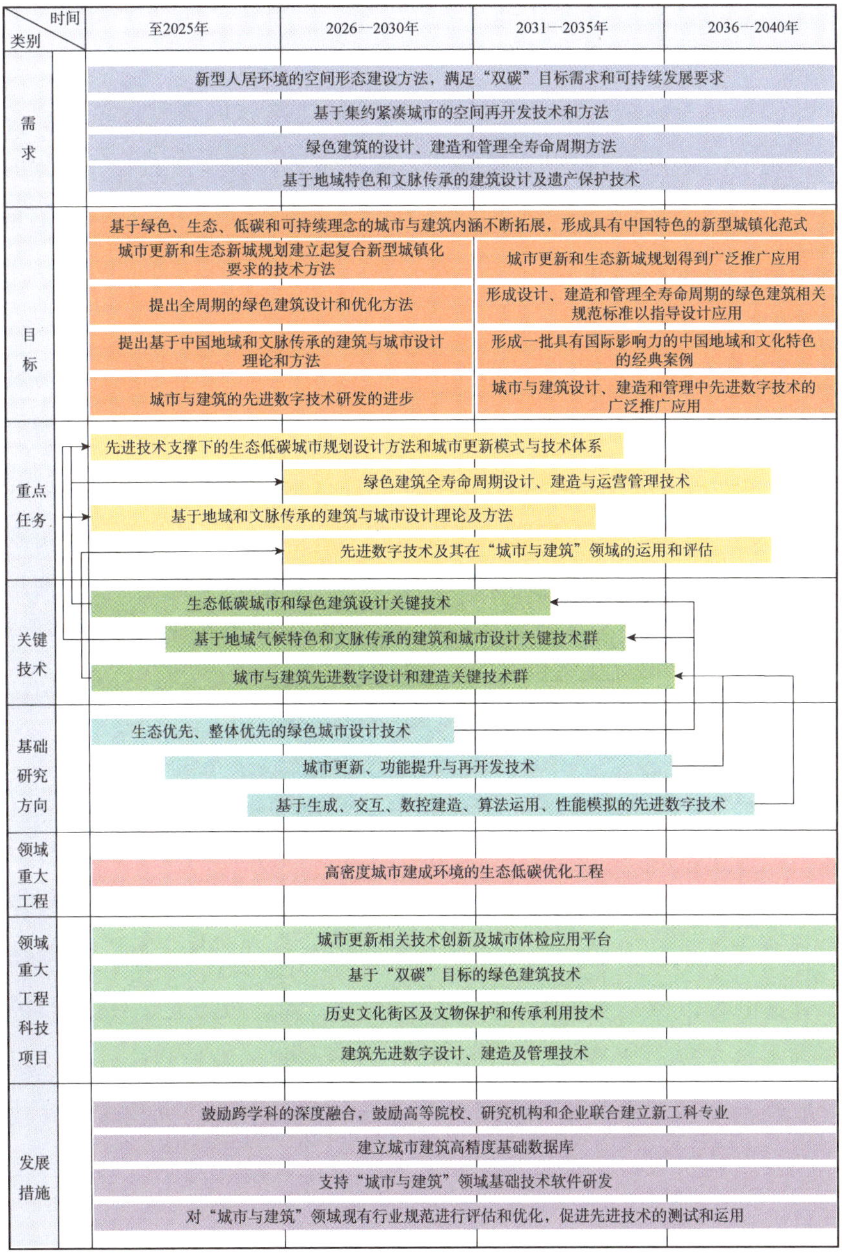

图 5-1　面向 2040 年的“城市与建筑”领域工程科技发展路线图

术；研究建筑信息模型技术在绿色建筑中的应用；通过与信息、能源、材料等学科的交叉，研究先进技术、材料、产品在绿色建筑上的应用及效能。

（3）基于地域气候特色和文脉传承的建筑和城市设计关键技术群。基于国际建筑类学科发展前沿，在尊重并传承丰富的中华文脉的基础上，研究并形成适合不同地域的建筑与城市设计关键技术群。为了扭转城乡及建筑文化遗产破坏严重的局面，促进遗产保护与城乡建设的协调发展，研究并建立起城乡及建筑文化遗产的适应性保护关键技术群。具体包括研究基于中国特有地域条件和文脉特点的建筑与城市设计的理论、方法和思想体系；研发综合考虑材料、构造、空间、形式的地域建筑设计技术；研发绿色生态、气候友好型城市形态控制与设计技术；展开工程实践，评价相关理论、方法、技术的价值与效果；研发不同环境、不同类型、不同尺度的文化遗产的适应性保护与再利用技术；研发建筑遗产的高效精细测绘技术；研究建筑遗产关键材料的性能退化机理和耐久性评价技术；研发建筑遗产本体的保护技术并开发相关保护材料和工艺。

（4）城市与建筑先进数字设计和建造关键技术群。探索先进数字技术在城市和建筑上的应用及其对城市与建筑设计和建造的影响，研发并形成一整套建筑数字设计和数字建造关键技术群。具体包括研究数字技术驱动的城市和建筑形态与空间生成方法；研发基于算法的城市形态生成技术；探索机械臂、工业机器人、3D打印等先进制造手段在建筑建造上的应用；研发建筑的数控建造技术；研发非线性复杂建筑的数字化设计与建造控制技术；研究物理计算技术及其在建筑设计上的应用；研究各类算法在数字建筑上的应用及其效能。

第二节 “土木与材料”领域重点任务及发展路径

一、目标

至2040年，通过“高性能绿色可持续土木工程材料及其结构体系”的持续创新，实现我国从“土木工程大国”到“土木工程强国”的蜕变，“土木与材料”领域达到如下发展水平：在高性能绿色可持续土木工程材料及结构体系方面取得若干国际领先的关键核心技术，研发成功一系列具有高性能、低消耗、低排放、长寿命、高耐久、高安全、高品质、高效率等特征的土木工程材料及其结构体系，并在全国范围内广泛推广与应用；提出面向结构的科学合理的材料指标以及基于材料的结构优化方法，形成材料-结构一体化成套技术体系，并建立相关规范标准；新型建筑工业化将深入贯穿设计、建造、运维等各个环节，智能建造技术将在各类基础设施工程中普遍应用，建造施工管理效率将获得极大提升；突破基础设施服役安全智能诊断的感知、识别、评价、预测的基础理论和应用技术体系，实现既有基础设施的高效智能诊治与运维，形成智能感知传感装置与多场景多尺度通用智能识别方法、数据-物理模型耦合的评价、预测智能算法，有效提升结构服役性能、延长结构服役寿命，实现土木工程结构绿色可持续健康发展。

二、重点任务

面向2040年，“土木与材料”领域的重点任务是：发展抗灾变、高耐久、超限度高性能工程结构材料与结构体系，发展土木工程材料-结构一体化，发展新型建筑工业化和智能绿色建造，发展土木工程结构高效智能诊断和运维提升理论与方法。

1. 抗灾变、高耐久、超限度高性能工程结构材料与结构体系

高性能工程结构材料及其结构体系是面向2040年“土木与材料”领域科学技术发展的主旋律。在“双碳”目标以及可持续发展要求的背景下，一系列具有高性能、低消耗、低排放、长寿命、高耐久、高安全、高品质、高效率等特征的工程结构材料与结构体系应运而生，为土木结构工程的高质量发展注入创新活力。面向2040年，以需求为牵引的土木工程材料的设计与开发将受到更多关注，形成高性能纤维复合材料、超高性能钢材和水泥基材料等系列材料体系。在此基础上，采用上述材料的高性能可持续结构体系将得到进一步发展，支撑川藏铁路、沿海通道、深地深海等国家重大工程实施。

2. 土木工程材料-结构一体化

土木工程材料与结构对基础设施的设计、施工、运维、消纳等各环节均发挥着重要作用，二者相互协同、有机统一。面向2040年，土木工程材料与结构之间的深度融合将进一步加强，建立面向结构的材料相关指标，根据结构受力需求研发适用的工程材料，并为材料量身定做最契合的结构设计理论，在结构中充分发挥材料的优越性能，根据材料特性提出相匹配的结构建造技术，实现“材料高性能”和“结构高性能”之间的贯通，形成材料-结构一体化设计建造技术体系。

3. 新型建筑工业化和智能绿色建造

人口老龄化趋势是我国以及世界许多国家面临的严峻挑战，未来将深刻改变经济社会运行模式。土木工程行业现阶段呈现劳动密集型特征，将直接受到人口红利逐渐消退和劳动成本上升的冲击。面向2040年，土木工程行业将向工业化、自动化、智能化方向转型发展。

以设计标准化、构件部品化、施工机械化为特征的新型建筑工业化将成为土木工程行业的主流发展特征。土木工程技术与信息技术、智能设备、电子控制技术、数字仿真技术、数据挖掘技术等先进技术与装备将深度交叉融合，智能绿色建造将彻底改变土木工程行业的传统建造管理模式。

4. 土木工程结构高效智能诊断和运维提升理论与方法

我国的土木工程已逐步进入集中建造向服役运维转变的转型期，在役重大基础设施的安全保障意义重大且压力巨大。近年来，以智能材料与深度学习为标志的智能化技术取得长足发展，在役工程结构运维研究恰恰具备海量数据与强非线性等特征，与智能化方法交叉后可展现出显著的技术优势。面向 2040 年，发展土木工程结构高效智能诊断和运维提升理论与方法对土木工程高性能可持续发展意义重大，通过全息、全域、全时智能安全诊断保障重大基础设施服役安全，从而促进我国建筑业转型升级，推进以人为核心的新型城镇化建设。

三、关键技术及发展路径

实现面向 2040 年“土木与材料”领域的重点任务，应集中力量发展可持续高性能土木工程材料与结构体系关键技术、土木工程结构智能绿色建造关键技术、既有土木工程结构的高效诊断和运维提升关键技术，发展路线图如图 5-2 所示，具体发展路径如下。

（1）发展可持续高性能土木工程材料与结构体系关键技术。研发新型高性能可持续土木工程材料及其在工程结构中的应用技术，实现“材料高性能”向“结构高性能”的跨越，建立材料–结构一体化关键技术。发展以高安全性能、高施工性能、高使用性能、高耐久性能、高维护性能和高经济性能等为特征的高性能可持续结构体系。

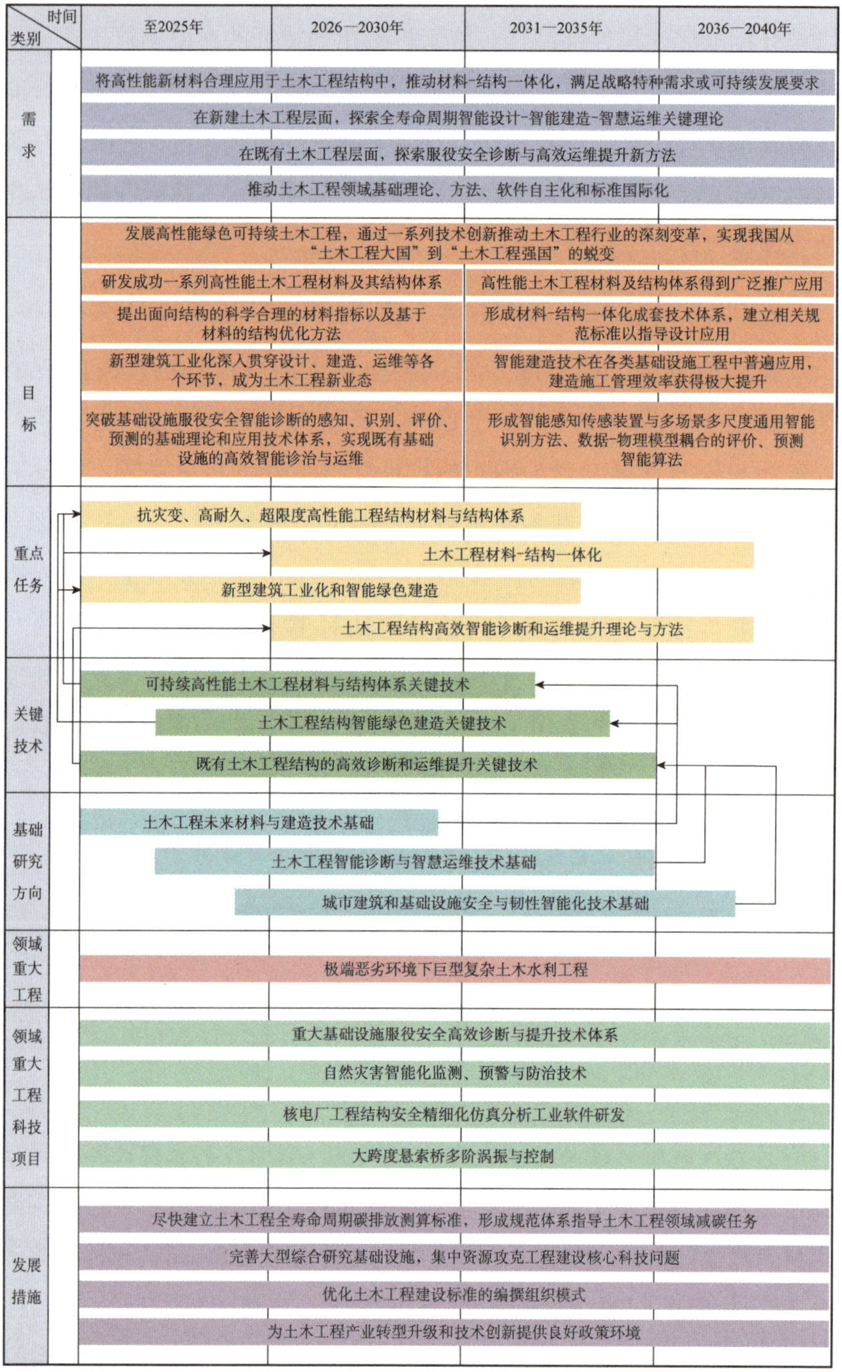

图5-2 面向2040年的“土木与材料”领域工程科技发展路线图

研发增强纤维复合材料、高性能钢材和水泥基材料在结构工程中的应用技术，研发综合性能优越的结构体系；研发天然绿色可再生材料（竹材、木材等）、可循环利用材料、废弃回收材料、基于纳米生物技术的环境友好型生态材料、低碳排放材料在结构工程中的应用技术，研发绿色生态结构体系；研发智能感知与驱动材料、多功能材料在结构工程中的应用技术，研发具有自免疫、自修复、自恢复、自适应等特征的智能结构体系；研究仿生材料与仿生技术在结构工程中的应用。

（2）发展土木工程结构智能绿色建造关键技术。推动材料和结构在信息化、智能化、机械自动化等领域更广泛的交叉融合，通过高性能材料的高效利用、高效装配化结构体系开发与标准化体系构建等奠定智能建造结构体系基础。突破以设计-生产-施工-检测各建造环节自动衔接、复杂施工场景的高效识别与施工决策、部品部件全流程智能追踪、多功能多场景建筑机器人系统、施工现场安全动态监测预警、工程质量智能检测等为代表的智能建造关键核心技术，真正推动从机械化、装配化建造向自动化、智能化建造迈进。

（3）发展既有土木工程结构的高效诊断和运维提升关键技术。深入揭示在役重大基础设施的通用物理表征-敏感指标体系-关键结构性态的逻辑关联，研发智能感知传感装置与多场景多尺度通用智能识别方法，提出数据-物理模型耦合的评价、预测智能算法。建立土木工程结构服役安全表征关键指标体系，研发表征性态指标体系的自动化、数字化、智能化感知识别方法与设备，提出土木工程结构损伤缺陷的高效定位和识别方法，建立基于表征安全指标的土木工程结构安全评价理论与方法，实现未来服役性能演变和安全服役寿命精准预测。

第三节 “水利与水资源”领域重点任务及发展路径

一、目标

至2040年，通过系统深入的理论—技术—产品—应用全链条的创新研发，“水利与水资源”领域力争达到如下发展水平：面向国家水-粮食-能源-生态系统安全、五大区域性重大发展战略、长江黄河流域系统治理与保护及新型城镇化建设等需求，针对水资源节约集约利用、水平衡基础理论与调控、水循环立体监测与模拟评价、非常规水源安全高效利用、水资源系统保护修复、水网工程建设与智能调配、重点区水资源安全保障集成应用等重点领域，着力突破数字孪生流域建设技术、重大水网工程建设和安全运行关键技术等基础科学难题，实现水资源智慧配置调度、节约集约利用、系统治理保护以及水利工程安全生态建管等理论与技术创新，实现水利与水资源全要素全过程监测模拟高端装备和软件自主研发与高效应用，有效支撑我国水资源安全供给、利用效率和保护能力与水平的显著提升，支撑新时期我国复杂水网系统智能调配和水资源节约保护，推动国家水资源安全保障水平与现代化治理能力的升级。

二、重点任务

面向2040年，“水利与水资源”领域的重点任务是：开展水资源节约集约利用、水平衡基础理论与调控、水循环立体监测与模拟评价、非常规水源安全高效利用、水资源系统保护修复、水网工程建设与智能调配、重点区水资源安全保障集成应用等。

1. 水资源节约集约利用与精细化配置

面向2040年，针对气候变化等不确定性因素导致的水资源短缺、非常规水规模化利用技术存在瓶颈等问题，未来一段时期内我国“水利与水资源”领域需要长期坚持水资源节约集约利用。同时针对我国人均水资源量不足、时空分布严重不均，以及未来一个时期我国粮食安全、城镇化、工业化和人居环境改善的用水需求压力仍会居高不下甚至有所增长等实际情况，必须加强水资源领域“基础理论-共性技术-核心软件-关键设备”全链条创新，构建新时期国家水安全保障与水治理现代化需求相匹配的精细化、智能化监测与模拟系统。

2. 水资源系统保护与高质量修复

我国河湖治理和水工程建管生态化技术自主创新水平不高，面向2040年，亟须研究河湖生态“量-质-域-流-生”多要素作用机制，形成适应我国河湖特征的生态需水核算及调控保障方法；研究“三生”空间水域演进机制，建立陆域涉水空间的综合管理技术体系；突破变化环境的影响下流域地下水演变与调控保护理论与方法，创新受损地下水资源系统治理与修复技术；研发生态友好型水工程规划设计和修复技术与装备。

3. 水网工程建设与智能调配

我国复杂水资源系统智能调配技术供给不足，面向2040年，亟须研发基于绿色发展和复杂建设条件的水工程规划设计建设技术与装备；研究变化环境的影响下复杂调水工程安全运行与智能调控技术，突破超大城市和大型灌区复杂水网系统优化调度技术；研发水工程分析、设计、管理一体化、国产化软件平台，推进水工程技术标准国际化，支撑国家智能水网工程建设。

4. 重点区水资源安全保障集成应用

随着长江大保护、黄河流域生态保护和高质量发展、京津冀协同发展等的深入推进，面向2040年，需要重点开展黄河流域和京津冀地区水资源高效利用、地下水资源保护、河湖系统修复、水与矿产资源协同开发等相关技术装备的研发与集成应用；深化长三角、粤港澳大湾区等重要城市群水资源与水网智慧调配技术创新；研发东北粮食主产区水-土-生协同配置与极端/突发事件风险防控技术；创新西北地区和北方农牧交错带等生态脆弱区水资源承载动态评价体系与水平衡调控技术。

三、关键技术及发展路径

为完成面向 2040 年水利与水资源领域的重点任务，应集中力量发展水资源节约集约利用关键技术、水平衡基础理论与调控关键技术、水循环立体监测与模拟评价关键技术、非常规水源安全高效利用关键技术、水资源系统保护修复关键技术、水网工程建设与智能调配关键技术、重点区水资源安全保障集成应用关键技术。发展路线图如图 5-3 所示，具体发展路径如下。

（1）水资源节约集约利用关键技术。研发农业绿色节水与高效用水技术装备、工业深度节水减排与废水循环利用工艺技术及装备、生活用水效率提升适用技术与高效利用设备，研究无水生产、家庭生活无水便捷清洁等新技术装备。研究社会用水需求侧控制理论、水-粮食-能源协同优化技术，以及实体水-虚拟水耦合流动与节水调控技术，创新水资源供需均衡调配技术。

（2）水平衡基础理论与调控关键技术。研究流域水循环及要素演变机制与过程，解析水循环通量与存量收支平衡关系；研究生活、生产、生态“三生”用水平衡机制，发展水资源优化配置方法；研究经济社会需水演进与用水行为机制，创新水资源供需均衡调配方法；研究水与土地、能源、产业等关联要素的纽带关系，构建水资源刚性约束方法。

（3）水循环立体监测与模拟评价关键技术。研发无人机、多载荷组网协同遥感监测的地球表层“水-土-气-生”多圈层水循环信息立体监测和协同采集技术与装备，突破（近）实时同化、大数据挖掘等涉水信息智能化处理与分析技术。研发陆-气耦合的水循环模拟及水资源

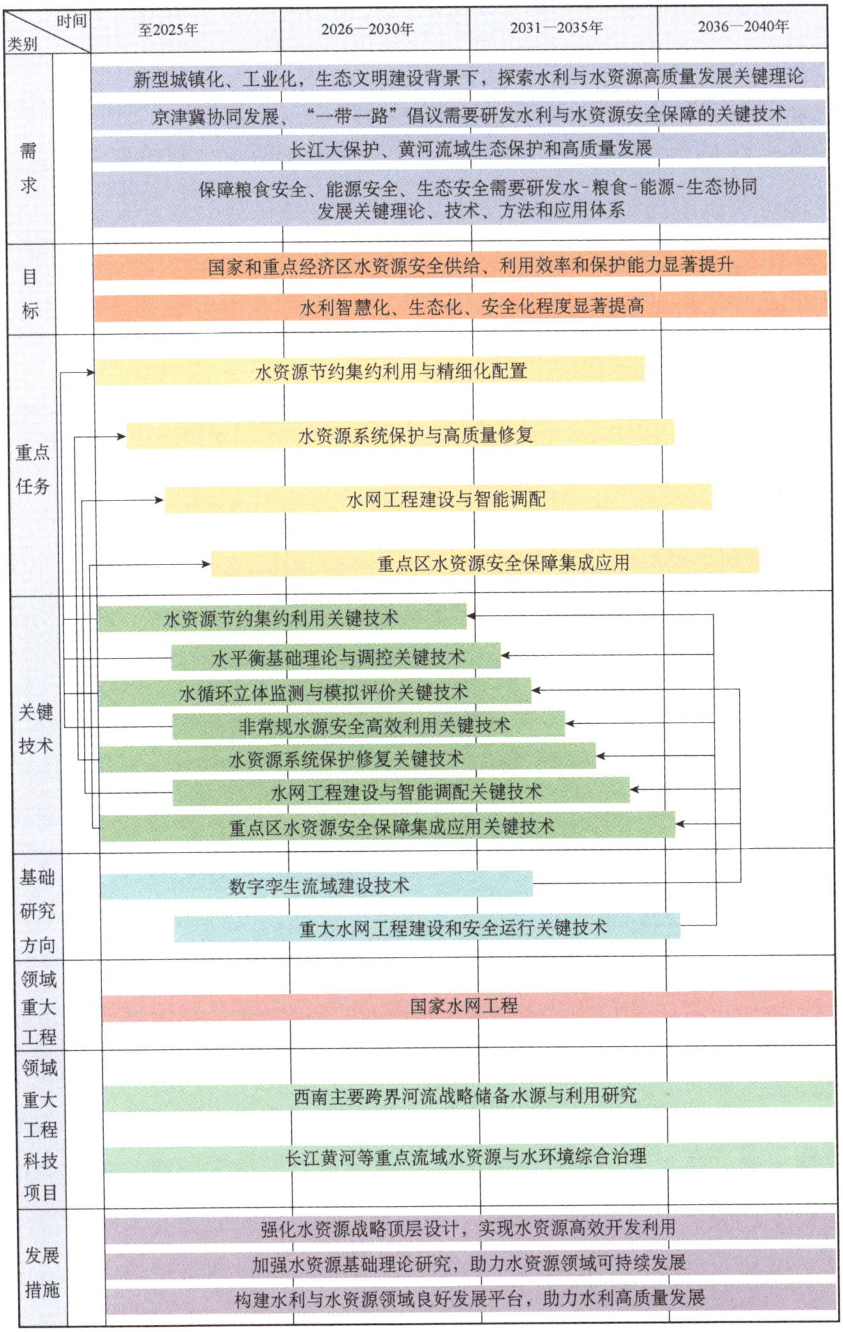

图 5-3　面向 2040 年的“水利与水资源”领域工程科技发展路线图

精细动态评价技术，突破气候变化和人类活动影响下水循环通量与存量精准预报技术。

（4）非常规水源安全高效利用关键技术。研究低能耗环保型苦咸水开发技术、矿井水减排利用技术、海水规模淡化与利用技术、再生水全过程风险控制高效利用技术、雨洪水资源化与云水开发技术；建立非常规水源利用潜力评价方法和安全控制标准，创新常规与非常规水源协同配置模式，开发基于大数据辅助科学决策的非常规水源开发利用智能管理平台。

（5）水资源系统保护修复关键技术。研究河湖生态“量-质-域-流-生”多要素作用机制，形成适应我国河湖特征的生态需水核算及调控保障方法；研究“三生”空间水域演进机制，建立陆域涉水空间的综合管理技术体系；突破变化环境的影响下流域地下水演变和调控保护理论与方法，创新受损地下水资源系统治理与修复技术；研发生态友好型水工程规划设计和修复技术与装备。

（6）水网工程建设与智能调配关键技术。研发基于绿色发展和复杂建设条件的水工程规划设计建设技术与装备；研究变化环境的影响下复杂调水工程安全运行与智能调控技术，突破超大城市和大型灌区复杂水网系统优化调度技术；研发水工程分析、设计、管理一体化、国产化软件平台，推进水工程技术标准国际化，支撑国家智能水网工程建设。

（7）重点区水资源安全保障集成应用关键技术。开展黄河流域和京津冀地区水资源高效利用、地下水资源保护、河湖系统修复、水与矿产资源协同开发等相关技术装备研发与集成应用；深化长三角、粤港澳大湾区等重大城市群水资源与水网智慧调配技术创新；研发东北粮食主产区水-土-生协同配置与极端/突发事件风险防控技术；创新西北地区和北方农牧交错带等生态脆弱区水资源承载动态评价体系与水平衡调控技术。

第四节　“城市水安全”领域重点任务及发展路径

一、目标

至2040年，基于持续不断的理论变革、技术创新与应用布局，“城市水安全”领域力争达到如下发展水平：在“双碳”与中国式现代化目标的指引下，形成绿色、低碳、高品质的城市水安全保障体系，充分解决传统工艺与运营模式在步入新时代过程中出现的痛点问题，为全球气候变化背景下城市水系统面临的挑战提出符合“双碳”目标需求的针对性解决方案；从全寿命周期角度优化城市供水与污水处理体系，使水处理与输配过程中消耗的能源显著减少，形成设计、建造及运营管理全过程优化指导规范；构建科学完善的源头水质保护与饮用水终端水质保障体系，从水源的选择开始降低饮用水处理难度，减少能源消耗，低碳分散式终端水质保障设施不断发展，满足社区高品质供水需求；在大数据、人工智能、云计算等数字技术的辅助下，城市群尺度的水安全保障技术迈向精细化、智能化的发展模式，城市水系统由过程与末端治理转向源头治理与资源回收利用模式，实现投入向收益的转变；城市群内部和周围区域的生态净化功能区建设逐步完善，大规模实现负碳功能区域，缓冲城市温室气体排放造成的城市热岛效应。

二、重点任务

面向2040年，“城市水安全”领域的重点任务是：发展城市供水管网输配与终端水质安全保障理论与方法，发展污水处理与再生利用体系，发展以固废炭化为核心的未来固废处置战略，发展新一代膜技术。

1. 城市供水管网输配与终端水质安全保障理论与方法

加强原水预处理系统建设，完善投加活性炭、预氧化剂等预处理措施，实施水厂深度处理改造，提高有机物去除率，来有效降低出厂水浊度。调整pH范围为7—8.5，以提高出厂水的化学稳定性，可有效防止因管道腐蚀、结构破损等原因引起的二次污染问题。合理选用管材、合理施工，严格管理。关注二次供水水质安全问题，采用物理、化学和生物方法解决“红虫”问题和异味问题，合理设计二次供水设施，加强设备管理维护；为了解决余氯问题，应合理设计水池（箱）的容积，减少水力停留时间。合理加氯是必要的，在保证消灭水中细菌、病毒和其他微生物的前提下，应尽量降低氯的投加量，加氯点尽量往后端移，在设施上尽可能实现多点加氯。对于建设年限早、不能满足卫生条件要求的二次供水设施，应进行必要的改造，增加适当的二次消毒装置；通过管网改造和维护、水质调节技术等方面改善“黄水”问题；大力发展绿色消毒控制微生物。加深对城市供水管网水力特性的研究。开发水锤防护措施，利用水锤分析计算来优化管道设计，确保管道运行安全；进行管道更新改造和压力调控漏损控制研究。发展对智慧水务与运维的研究。运用智慧水务系统的过程中，要考虑使用网络技术和数字化技术建立城市供水管理智慧服务平台，形成数字化的供水管理体系。

2. 污水处理与再生利用体系

再生水处理是以生产再生水为目的，对污水或达到排放标准的污水处理厂出水，进行净化处理的过程。由于再生水水源水质及用户需求的差异，单元处理技术一般难以保证出水达到再生水的水质要求，需要对不同单元处理技术进行优化组合，使之既可以提高污水处理效率，又可以降低处理成本。选取并规范再生水处理工艺，实现高效的衔接集成，从而保障再生水水质安全和降低再生水厂运行费用。加强水基础设施统筹规划，促进污水处理与再生利用协同发展。推进再生水利用增量提效，促进污水处理产业转型升级。推进再生水利用管理体系建设，提高再生水安全保障能力。强化科技支撑，推进污水处理与再生利用技术交流与国际合作。加强节水宣传教育，提升污水再生利用的公众接受度。开展污水处理与再生利用综合示范，促进城镇水循环系统建设。

3. 以固废炭化为核心的未来固废处置战略

通过高温热处理，将固体废弃物炭化是一种新兴的固废处置思路。深入研究热处理法、气化法、水热法、闪蒸法等固废制炭方法。开发出具备绿色、环保和环境相容性良好以及低成本的环境功能材料。无金属碳基功能材料由于其原料丰富、制备工艺简单、环境友好、物理化学和内部电子性能易调谐等优点，成为环境领域修复材料的研究热点之一。

4. 新一代膜技术

由于膜工艺可以保证出水水质好且稳定、易于实现工艺的集约化和自动化，其在集中式水处理和分散式水处理中均有巨大的应用潜力。为了满足可持续城市水系统的建设，应开发抗污染、高通量、低能耗、多功能的水处理膜技术，实现水处理膜技术的绿色、低碳和可持续发展，需要重点关注以下几个问题：高性能膜材料的开发；先进膜制备技术的开发；新型膜工艺的研发；膜技术全寿命周期评价和管理体系的建立；膜技术在城市水循环中的应用拓展。

三、关键技术及发展路径

实现面向 2040 年“城市水安全”领域的重点任务，提升水的质量、减少水的成本、保证水的安全都是“城市水安全”领域持续关注的焦点，应集中力量发展城市新型水系统规划设计、优化运行与水质功能保障技术，城市污泥过程减量、稳定化、无害化、分质资源化处理处置成套化技术，零碳饮用水处理技术。发展路线图如图 5-4 所示，具体发展路径如下。

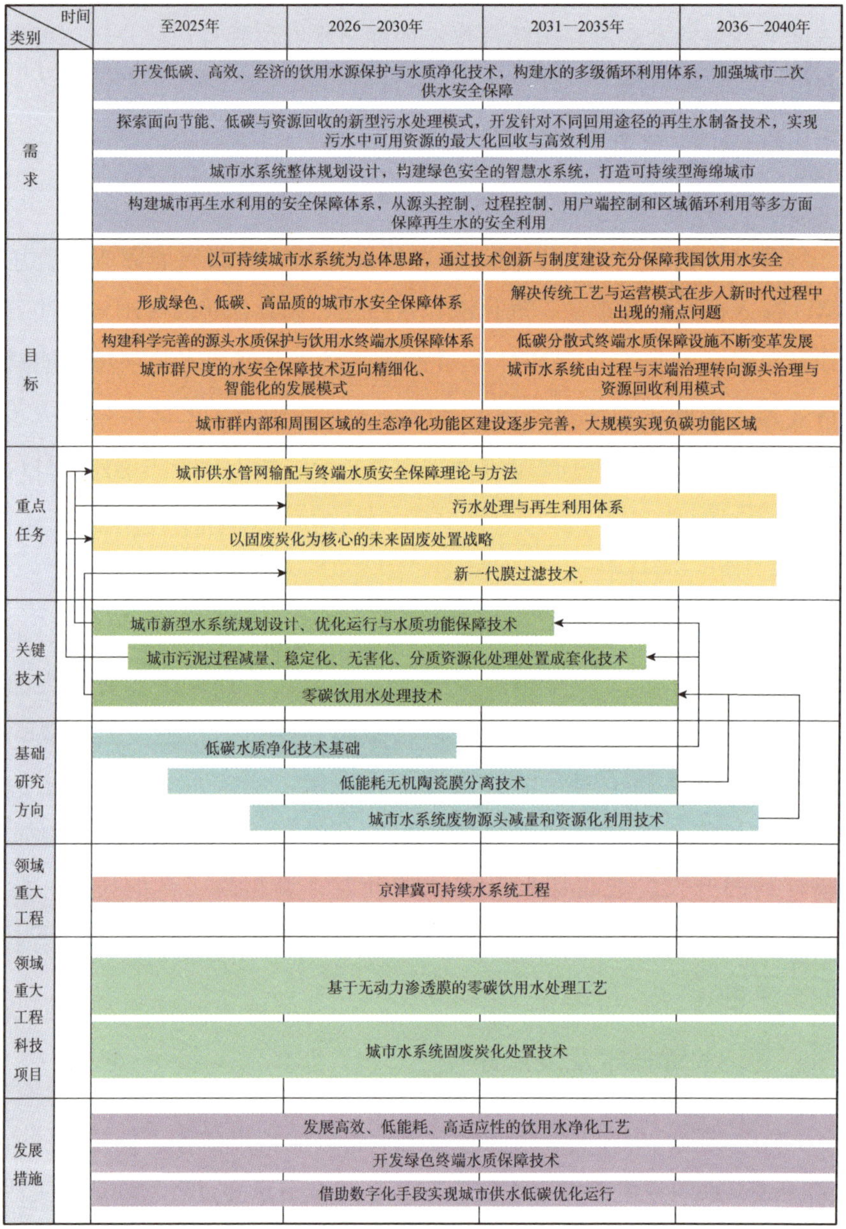

图 5-4 面向 2040 年的“城市水安全”领域工程科技发展路线图

（1）发展城市新型水系统规划设计、优化运行与水质功能保障技术。开展城市水系统的整体性与时空关联性研究，实时监控城市外源和内源对水系统的污染及影响程度，研发仿真系统、水体（绿色能源）动力循环、生态净化和修复模式，开发城市水系统监管与预警管理网络平台，建立科学合理的城市水系统评估、规划、设计、建设和运行管理技术体系及标准规范。

（2）发展城市污泥过程减量、稳定化、无害化、分质资源化处理处置成套化技术。研发城市污水处理过程污泥减量化，已产生污泥的稳定化、无害化、资源化技术与设备。根据不同类型污泥特征，开发节能型污泥原位处理技术和污泥分质资源化处理、处置技术，完善污泥处理、处置的环境风险评估体系，加快污泥处理、处置设施建设，提高污泥无害化处理率和污泥处理处置规模。

（3）发展零碳饮用水处理技术。研究将“常规处理-深度处理-膜分离”的多级复杂工艺缩短为“无动力渗透膜”单级工艺的可行性和适应性。开发适配于无动力渗透膜工艺的氧化、凝聚、微气泡等协同处理技术；开发适用于无动力渗透膜工艺的低能耗抗污染膜、低阻力纳米复合膜等制备技术，评估纳米复合膜的抗污染特性和除污染效能；开发适配于无动力渗透膜工艺的饮用水深度消毒工艺；评价无动力渗透膜工艺在饮用水净化过程中的多功能性、高适应性、低能耗性和低碳特性，形成一系列零碳水处理成套技术与装备，大幅度降低运行成本，节省土地，降低运行能耗，开展示范工程与应用推广，实现低碳、安全、高适应性的发展目标。

第五节　“测绘与区域发展”领域重点任务及发展路径

一、目标

至2040年，通过持续深入的研究、开发和应用，“测绘与区域发展”领域力争达到如下发展水平：测绘仪器装备及应用系统的自动化、智能化水平显著提升，发展超高精度导航、通信与探测一体化关键技术，实现实时遥感测绘的广泛商业化；地理空间信息服务体系与地理信息产业体系的能级跃迁，发展多尺度、多源协同感知与空天地一体化监测技术，实现全天时、全天候、全地域服务；天基信息实时服务系统（positioning，navigation，timing，remote sensing，communication，PNTRC）应用升级，发展全时空信息系统构建关键技术，实现通信、导航、遥感卫星以及地面通信网深度融合；测绘工程智能化指标及应用系统优化转型，构建混合型的智能计算模式，发展全球卫星遥感实时监控与综合决策关键技术，实现对物理世界协同感知和远程协同管控。

二、重点任务

面向2040年，“测绘与区域发展”领域的重点任务是：研制自动化、智能化测绘仪器装备及应用系统，建设泛在测绘感知网络，发展天基信息实时服务系统，设计优化测绘工程智能化指标及应用系统。

1. 自动化、智能化测绘仪器装备及应用系统

测绘技术进步对于测绘生产效率与服务水平的提升至关重要，同时也面临着数据获取实时化、信息处理自动化、服务应用知识化等诸多新难题。人工智能技术的出现为研制智能化测绘仪器装备提供了新的思路，它将自然界的生物智能，通过技术和方法赋给机器和环境，使机器与环境能够感知、认知外界的变化，并进行相应趋利避害的管理和调控。面向2040年，未来应进一步发展智能化测绘仪器装备，如智能全站仪、智能化地理信息系统、智能化的单波束测深系统、测绘无人机、测量机器人、全组合智能导航系统、识图机器人，以及利用智能设备和其所带的智能传感器，如移动终点的激光传感器、自动驾驶汽车的雷达和相机等开发的数据采集系统

（陈军等，2021）。

2. 泛在测绘感知网络

泛在测绘感知网络是时空域内广泛存在的信息感知网络，通过处理信息并从中认知时空域内事物的本质和变化规律，并对这些变化进行分析判断，做出趋利避害的决策并能实施调控。目前对物理世界的测绘感知网络已初步建成，但互联网因其位置的虚拟性和网络时间标准过低，难以满足对物理世界协同感知和远程广域协同管控的需求，需要向具有精准时空位置感知能力的泛在测绘感知网络演进。面向 2040 年，泛在测绘感知网络将成为智能化测绘的关键信息基础设施。泛在测绘以实时精准时空感控为特征，以实现陆海天空网一体化、室内外一体化，并实现人与物理世界及虚拟网络世界交互的感知、探测、认知和调控。构建覆盖天空地海、基准统一、高精度、高安全、高智能、高弹性、高效益的时空信息服务基础设施，建设地理空间信息实时泛在服务体系与地理信息产业体系，实现全天时、全天候、全地域服务目标。

3. 天基信息实时服务系统

天基信息系统利用卫星通信、卫星导航和卫星遥感手段，实现地球表面自然和人类活动的实时观测，通过数据处理获取信息知识来满足经济建设、国防建设和大众民生的需求。我国卫星通信、导航、遥感系统还存在系统孤立、信息分离、服务滞后等问题，导致天基信息系统服务的时效性、广域性、连续性难以满足现代化需求。面向 2040 年，天基信息实时服务是航天强国发展战略的制高点，亟须加强天基系统的军民功能结合，将现有的通信、导航、遥感卫星以及地面通信网进行深度融合。面向军民共用的天基信息实时服务需求，天基信息实时服务系统由数百颗具有遥感和导航增强功能的低轨高分辨率光学和雷达小卫星组成天基网络，协同在轨运行的高分辨率遥感卫星、北斗导航卫星和正在建设的卫星通信网，并与地面互联网、移动网整体集成。在天基大数据、云计算、人工智能、移动通信技术的共同支撑下，为军民用户提供从卫星到智能终端的快速、准确、智能化、实时的天基信息服务。

4. 优化测绘工程智能化指标及应用系统

从应用的角度看，设计和研制能够支持数据采集、处理、分析、管理的新一代智能化业务系统，提升产品生产与服务的水平与效率，也是智能化测绘的一个重要发展方向。面向2040年，针对每一个特定的单一或综合应用场景，厘清其产品生产与服务过程中所蕴含的信息处理机制，梳理所使用的先验知识，构建混合型的智能计算模式，研制专门或专用的具有一定智能水平的业务系统或平台，并制定出相应的技术规范、工艺流程、质量控制办法等。这一过程将打破大地测量、摄影测量与遥感、地图制图、地理信息工程等传统专业的界限，从业务信息流的角度进行整体谋划与优化设计。

三、关键技术及发展路径

实现面向2040年“测绘与区域发展”领域的重点任务，应集中力量发展超高精度导航、通信与探测一体化关键技术，多尺度、多源协同感知与空天地一体化监测关键技术，全时空信息系统构建关键技术，全球卫星遥感实时监控与综合决策关键技术。发展路线图如图5-5所示，具体发展路径如下。

（1）发展超高精度导航、通信与探测一体化关键技术。实现遥感测绘的实时化与广泛商业化的目标，需要把原本孤立的导航、通信、遥感探测做成系统联通的空天地互联网，来满足军民的需求。研发超高精度的导航与通信技术，为全球大众消费、自动驾驶、地理信息、公共安全等泛在用户提供高精度、快收敛、低成本、高可靠的卫星定位与通信服务，实现全球分米（厘米）级实时动态快速通信与导航。导航和遥感是最具应用价值和发展潜力的时空信息采集获取手

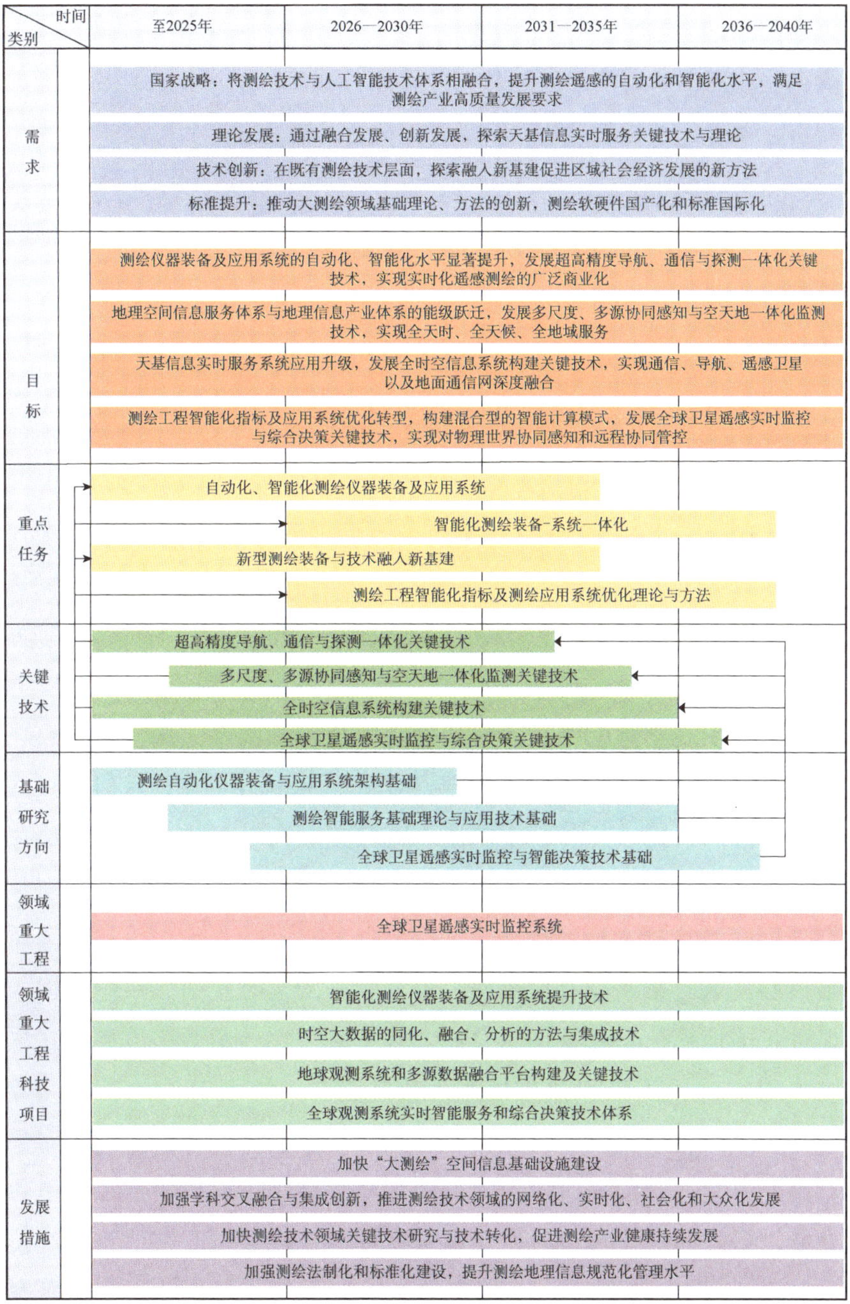

图 5-5　面向 2040 年的“测绘与区域发展”领域工程科技发展路线图

段，位置信息和遥感数据是最具泛在性的智能信息服务要素（陈锐志等，2019）。研发通信、导航与遥感探测的深层次融合技术，建设联合北斗定位和通信导航遥感一体化服务网络，从系统设计层面考虑通信、导航与遥感探测融合的需求，从而突破三者融合的技术瓶颈。

（2）发展多尺度、多源协同感知与空天地一体化监测关键技术。发展多尺度、多源协同感知与空天地一体化监测技术，长期、稳定、实时获取资源、事件、目标等信息发生的准确时间、位置、性质和环境状态。研发空天地协同及定性、定量与定位相结合的精准监控评估技术，空天地一体化监测涉及多部门、多资源、多系统的联合协同过程，是典型的多系统的集成系统。在实际的应用中，对空天地一体化监测的精细度、精准性、实时性、智能化要求越来越高。如何在最短的时间内将准确的监测信息服务送给最恰当的用户至关重要。未来应在多尺度、多源协同感知监测服务体系架构、空天地遥感资源配置与协同规划、遥感监测应急与快速响应、精准监测与评估、应急智能服务等方面开展技术探索。

（3）发展全时空信息系统构建关键技术。围绕人机物混合的三元世界的全时空信息获取、处理、分析的关键科学与技术问题，探索多源空间协同表达与时空基准、全尺度空间数据模型、设施信息标准化等理论方法，攻克多尺度多模态大数据归一化、多元空间数据分析模型与时态模型耦合、全空间信息符号化表达与可视化等前沿核心技术，研制具有原创性、世界领先的全时空信息系统原型，促进我国地理信息系统创新发展。基于时空实体的数字世界构建思路将现实世界简化和抽象描述为数字世界，将现有的地理空间数据、实时的传感数据、关联的时空大数据等接入并整合为时空对象数据，开发一套面向时空大数据的实体化整合工具并验证可行性和效能。研究建立多粒度时空对象数据模型，构建全时空信息系统技术体系，研发全时空信息系统软件平台，并开展智能化地理信息服务的应用试验。

（4）发展全球卫星遥感实时监控与综合决策关键技术。全球卫星遥感实时监控与综合决策是为了更好地满足对物理世界协同感知和远程协同管控的需求。时空位置信息是一切智能、智慧、规划、决策和管理的基础，而卫星遥感是一种赋能技术，赋予其他行业或技术确定精准时间和位置的能力。卫星遥感结合物联网和互联网，可形成具有“无时不有，无所不在”时空特性的感知网络，叠加人工智能技术的发展正在演进出“无所不包，无所不能”的智能化综合决策态势。遥感技术与人工智能的结合，重点在于突破跨界融合、人机协同、群智开放和自主操控 4 个热点研究方向及其在军事、工程、实时高精地图及灾害防治等领域的应用。

第六节　“交通工程”领域重点任务及发展路径

一、目标

至 2040 年，通过持续深入的研究、开发和应用，“交通工程”领域力争达到如下发展水平：建成长期、高效、智能、精准的交通基础设施监测网及重大交通基础设施智能预警网络，形成区域级的“环境-结构-决策-预警”一体化平台；突破深水海域、深山峡谷、高原等极复杂环境的“全疆域”拓展智能建设技术，支撑以川藏铁路工程为代表的国家重大战略通道工程建造、边境机场国门堡垒建设；突破环境低扰动绿色建设技术及材料，发展既有交通设施升级扩容综合技术与管理体系；突破 400 km/h 客运、250 km/h 货运的轮轨高速铁路极限运营速度，具备 600 km/h 高速磁浮、1000 km/h 低真空管道高速磁浮铁路的产业化应用能力，保持轨道交通工程技术引领；实现交通工程设计软件、建筑信息模型软件的国产化；总体具备适应交通强国需要的“绿色、智能、安全”交通工程高质量建养技术能力，支撑交通强国建设。

二、重点任务

面向2040年，“交通工程”领域的重点任务是：建立绿色智能安全综合立体交通工程，形成以川藏铁路为代表的安全韧性战略生命线工程及跨山越海长大桥梁/超长隧道等超级节点工程，发展既有交通设施升级扩容综合技术与管理体系，发展新一代轨道交通工程。

1. 绿色智能安全综合立体交通工程

《国家综合立体交通网规划纲要》提出建成便捷顺畅、经济高效、绿色集约、智能先进、安全可靠的现代化高质量国家综合立体交通网，有力支撑“全国123出行交通圈”和“全球123快货物流圈”。不同以往传统交通基础设施建设，国家综合立体交通网的“交通基础设施质量、智能化与绿色化水平居世界前列”。面向2040年，发展绿色智能安全综合立体交通工程对实现绿色、安全、高效、快捷的交通出行具有重大意义，推动卫星通信技术、新一代通信技术、高分遥感卫星、人工智能、智能化载运工具和装备制造等行业与交通工程领域融合发展，推进交通基础设施数字化、网联化，促进我国交通运输行业变革。

2. 以川藏铁路为代表的安全韧性战略生命线工程

随着我国社会经济快速高质量发展，未来交通基础设施建设要求实现深水海域、深山峡谷、高原等复杂环境地区的“全疆域”拓展建设，条件将更加复杂，规模尺度与自然灾害条件将颠覆以往工程范畴。川藏铁路已经规划建设，边境机场正在布局，未来台湾海峡通道、琼州海峡通道、渤海湾通道等重大工程也会逐步实施。面向2040年，发展以川藏铁路为代表的安全韧性战略生命线工程，对完善我国交通运输网络，提升我国交通强国地位具有重大意义，突破灾害预警感知、复杂条件交通工程建造、管理与安全保障技术、装备及软件，形成以川藏铁路工程为代表的极复杂环境高质量建养成套系统理论、核心技术、关键装备、标准规范等体系。

3. 跨山越海长大桥梁/超长隧道等超级节点工程

交通网络的“全疆域”拓展，要求跨山越海长大桥梁/超长隧道等超级节点工程向着“更安全、更健康、更长寿”方向发展。面向2040年，实现多灾害严酷环境下，长大桥梁/超长隧道等超级节点工程的安全韧性、健康长寿、智能建养具有重要意义。突破多灾害设计、严酷环境材料-结构劣化等理论方法，研发新型轻质、高强工程材料，高韧性自复位超大跨桥梁、工业化预制、一体化大吨位移/运/架等造桥机械和大直径盾构等设备和关键技术，智能化监测、检测、评估、处置技术及装备等。

4. 既有交通设施升级扩容综合技术与管理体系

随着国家交通强国战略的实施，对交通基础设施的需求更加迫切，为适应我国交通基础设施发展需求，未来发展重点逐步从新建转向既有线路改造升级和运营维护。面向2040年，从安全、寿命、效能、成本、智能等方面进行交通基础设施服役性能优化和提升技术研究，保障交通基础设施的服役性能和运营效率，对于提升运输网络的一体化、低成本、可持续发展能力具有重大意义。

5. 新一代轨道交通工程

交通强国战略要求高速铁路技术向着智能、绿色、更高速度方向发展，进一步全面提升高速铁路技术体系和技术经济性。面向2040年，深入研究并进一步突破轮轨高速铁路极限运营速度，探索并发展速度600 km/h及以上的低真空磁浮高速铁路技术具有重要意义。突破一批更高速度条件下减振降噪、轮轨关系、气动效应、高平顺性超大桥梁/超长隧道/轨道结构、一体化大型化建养装备等基础理论与关键技术，研究磁浮高速铁路系统设计、基础设施建造及装备研发、运营维护及安全保障等关键技术。

三、关键技术及发展路径

实现面向2040年“交通工程”领域的重点任务，应集中力量发展绿色智能安全综合立体交通工程关键技术，极复杂环境下交通基础设施高质量建养成套关键技术，既有交通基础设施服役性能优化、提升及扩容关键技术。发展路线图如图5-6所示，具体发展路径如下。

（1）发展绿色智能安全综合立体交通工程关键技术。在交通基础设施方面，研究绿色交通基础设施设计理论和方法、交通环境振动与噪声控制理论、综合交通系统供需平衡与运输协同理论。在交通运输装备技术方面，研究人车路耦合机理与车路协同控制理论与方法、无人驾驶技术、空天地一体化网络构建与高可靠综合交通信息交互方法、智能网联汽车信息安全防护理论与方法、网联条件下的新一代交通信号优化理论与方法、轨道交通系统全局效能评估及综合效能提升关键技术、轨道交通系统全息感知与泛在融合智能化技术、新型高速铁路列车运行控制技术。在综合交通管制与服务方面，研究区域综合交通运输网络协调运行与服务决策支持技术，复杂交通网络韧性监测、评估与优化技术，城市群智能客运系统技术，城市综合交通系统智能化协同管控技术，高效货物运输与智能物流技术，综合交通运输网络运行风险辨识与防控技术，协同式无人驾驶与运行优化技术，移动互联环境下的遥控驾驶与智慧运行技术，立体无人智能交通系统等新一代综合交通系统技术。在一体化协同化的平安交通建设方面，加快路网风险智能协同管控技术研究，构建泛在互联的港航安全应急保障技术体系，攻克轨道交通主动安全保障技术，强化综合交通应急保障技术研发。

（2）发展极复杂环境下交通基础设施高质量建养成套关键技术。在灾害预警感知方面，突破复杂山区内外动力耦合作用下地质特征与灾害孕育机理及防控技术、外海耦联灾害孕育机理与防控技

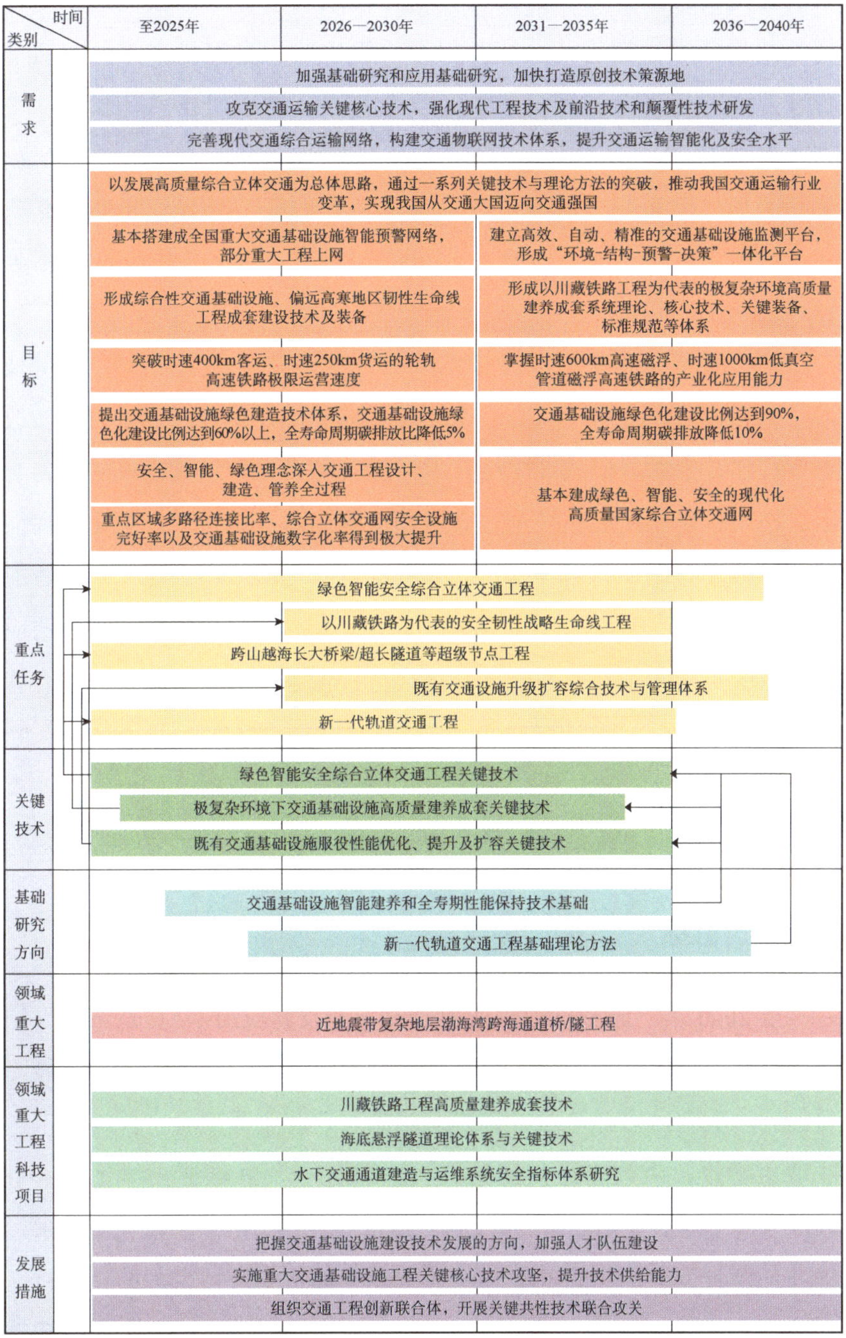

图 5-6　面向 2040 年的“交通工程”领域工程科技发展路线图

术；在建设技术方面，突破极复杂环境地质条件下工程建造技术与韧性结构技术、超复杂系统工程建设管理与安全保障技术；在运营管理方面，突破全周期全系数字孪生与智能化应用技术及软件、常态及紧急情况下生命线保障技术及装备和“环境-结构-预警-决策”一体化平台等关键技术，形成以川藏铁路工程为代表的极复杂环境高质量建养成套系统理论、核心技术、关键装备、标准规范等体系。

（3）发展既有交通基础设施服役性能优化、提升及扩容关键技术。研究铁路、公路、航空、水运等交通基础设施及运行系统提质改造工程建设方案、模式及关键技术，以及综合性枢纽基础设施优化与改造技术；研究交通系统全寿命周期运营成本控制技术，强化高性能工程材料及其循环利用技术在既有基础设施中的应用；研究新型智能材料在路基（路面）、桥梁、隧道、轨道、码头改造升级等工程中的应用技术、交通基础设施智能化升级改造技术、交通不中断升级扩容管理关键技术。

第七节 “智慧城市”领域重点任务及发展路径

一、目标

至2040年，通过持续深入的研究、开发和应用，“智慧城市”领域力争达到如下发展水平：绿色新型智慧城市基础设施全方位赋能，发展三维数字城市环境实时构建、动态表达和大数据融合关键技术，让城市智能、高效运行；规划-建设-服务-运营-维护一体化技术引领，发展全寿命周期城市智慧规划-建造-服务-运维一体化关键技术，提升开发建设效率、降低成本；数字孪生城市平台技术与产业延链、补链、强链，发展数字孪生城市平台构建关键技术，使城市因具有

“大脑”而变得更便捷、更舒适、更高效；城市智能感知和低碳高效运维多元融合，发展城市泛在感知网络及其集成整合与数据挖掘关键技术，实时、全面、透彻地掌握城市运行的状态。

二、重点任务

面向 2040 年，“智慧城市”领域的重点任务是：构建绿色新型智慧城市基础设施，发展规划-建设-服务-运营-维护一体化技术、数字孪生城市平台技术体系与产业数字化，研究城市智能感知和低碳高效运维提升理论与方法。

1. 绿色新型智慧城市基础设施

智慧城市基础设施是支撑城市数据采集、传输及处理，服务于城市公共服务管理的一种基础设施，是智慧城市规划建设的重要依托。面向 2040 年，分级分类推进新型智慧城市建设，将物联网感知设施、通信系统等纳入公共基础设施统一规划建设，推进市政公用设施、建筑等的物联网应用和智能化改造，提出智慧城市基础设施的空间配置策略；完善城市信息模型平台和运行管理服务平台，构建城市数据资源体系，推进城市数据大脑建设，探索建设数字孪生城市。

2. 规划-建设-服务-运营-维护一体化技术

目前国内部分地区智慧城市建设过程中存在规划、建设、服务、运营、维护各环节自成体系、缺乏协调等问题。面向 2040 年，打通各环节屏障，打造智慧城市规划建设一体化信息管控平台，以及数据交换、协同处理、通用服务等技术支撑体系，实现智慧城市规划建设服务运营的全链条管理，应作为新时期智慧城市建设的重点任务。其中一体化信息管控平台研发重点以城市的基础公共数据库为基础，以虚拟现实为展示手段，以云计算为技术支撑，实现多规融合、多设计融合、多建设融合以及跨专业一体化协同规划建设的信息化平台，实现城市或园区从规划、设计、建设至运营的多层次立体化融合，提升开发建设效率，并降低开发建设及运营成本。

3. 数字孪生城市平台技术体系与产业数字化

随着物联网、大数据、人工智能等新一代信息技术的发展，在模拟、新数据源、互操作性、可视化、仪器、平台等方面的共同推动下，数字孪生及相关系统实现了快速发展，数字孪生城市的落地实施也逐渐成为可能。作为数字经济当中一项关键技术和高效能工具，数字孪生可以有效发挥其在模型设计、数据采集、分析预测、模拟仿真等方面的作用，助力推进产业数字化，促进数字经济与实体经济融合发展。面向2040年，数字孪生城市平台技术体系应着力发展城市多源异构物理实体的智能感知与互联互通，城市多维多时空高保真模型的构建，孪生数据与物理实体、虚拟模型和服务的精准映射与实时交互，最终实现数据-模型-应用的迭代交互、动态演化与实时反馈，满足不同领域、不同层次、不同业务的产业数字化需求。

4. 城市智能感知和低碳高效运维提升理论与方法

近年来，随着新型城镇化智能物联、大数据技术的升级，智慧城市建设成为城市协同发展新引擎。在“双碳”目标大背景下，绿色低碳与智慧城市的融合越来越深入。面向2040年，需要顺应城市发展新理念新趋势，开展城市现代化试点示范，建设宜居、创新、智慧、绿色、人文、韧性城市，提升城市智慧化水平，推行城市楼宇、公共空间、地下管网等“一张图”数字化管理和城市运行一网统管，引导城市的建设与管理技术向着城市空间全维度虚拟化、智慧化、信息化、网络化等新的发展方向扩展和演进，在加强基础硬件建设的同时应加快打通后续应用端点，监测城市碳排放，并对城市碳排放进行综合分析，实现对碳足迹的跟踪、学习、模拟与优化等。

三、关键技术及发展路径

实现面向2040年“智慧城市”领域的重点任务，应集中力量发展三维数字城市环境实时构建、动态表达和大数据融合关键技术，城市泛在感知网络及其集成整合与数据挖掘关键技术，数字孪生城市平台构建关键技术，全寿命周期城市智慧规划、智慧建造、智慧服务和智慧运维关键技术。发展路线图如图5-7所示，具体发展路径如下。

（1）发展三维数字城市环境实时构建、动态表达和大数据融合关键技术。研究复杂城市环境实时构建和动态表达的技术方法体系，综合利用摄影测量、计算机视觉、虚拟现实、增强现实等技术，建立与现实世界一致的真三维、全要素、开放式的虚拟城市空间，从而为城市综合立体监测与预警提供技术支撑。重点发展以解决超大规模城市面临的城市问题为导向的智慧城市支撑技术，着力完善城市大数据融合的分析理论与方法体系，将为研究城市人类行为轨迹、社会关系、创新能力、运行态势等提供新的模式。

（2）发展城市泛在感知网络及其集成整合与数据挖掘关键技术。复杂城市环境的全面感知与集成整合、数据挖掘将成为解决城市问题的关键。研发高密度、高时空分辨率的精准感知传感器系统，提高感知数据的丰度。研究通过无线局域网、射频识别、低功耗蓝牙、窄带物联网等网络通信协议，将各类基础感知设备联网，实现异构平台、异构协议的全周期、全方位、全要素感知，在城市范围内建立多重综合智能的泛在感知网络，以实时、全面、透彻地掌握城市运行的状态。针对海量异构感知数据，研发高可扩展、高性能的分布式大数据处理框架，实现内存级别的分布式处理模式，实现超大规模智慧城市大数据的集成管理，并提供即时的大数据服务能力。研究利用云计算、分布式技术辅助大数据存储和挖掘，利用机器学习、深度学习、联邦学习等前沿人工智能技术来实现数据智能挖掘和模式分析，满足城市多元主体的按需、及时和精准决策需求，实现城市感知-数据-模型资源的网络化及时联动。

（3）发展数字孪生城市平台构建关键技术。数字孪生技术在各行业、各领域的不断深入运用，开始改变城市管理、城市服务和城市生活方式，使城市因具有“大脑”而变得更便捷、更舒适、更高效。城市数字孪生技术，标志着智慧城市建设步入新时期，将全域、全行业数据整合至数字模型，进而实现城市全景可视化和动态管理。在数字孪生城市平台方面，重点研发全要素数字化表达技术、数据集成融合技术、虚实融合互动技术、模拟仿真推演技术和决策控制技术，研发统一的数字孪生城市云平台技术，实现软件标准和协议统一化、数据一体化、算力集中化。通过具体平台建设项目，打通感知体系、数据体系，为数字孪生城市建设提供高质全能的数据中枢、交互中枢和决策中枢。

（4）发展全寿命周期城市智慧规划、智慧建造、智慧服务和智慧运维关键技术。智慧城市涉及规划、建设、管理和产业运营的全过程数字化转型，然而在智慧城市建设过程中存在各单项规划自成体系、内容冲突、缺乏协调等问题，实现多规融合，打造城市规划建设一体化信息管控平台，成为新时期智慧城市建设的迫切需求。在多规融合方面，通过地理信息系统技术，结合信息化、流程化管理手段，实现用地、能源、环境、交通等多规融合信息化管控平台；在多设计融合方面，基于建筑信息模型技术，实现对建筑设计、暖通设计、强弱电设计等多设计专业的协同管控平台；在多建设融合方面，基于建筑信息模型，结合信息化管控手段，对建筑施工过程的周期、质量进行统一管理；在跨专业一体化协同方面，将城市总规、建筑设计、城市建设以及建筑与运营交付，合并至一个大型综合平台上，进行统一化、一体化管控的智慧化手段，降低城市的建设成本与工期。

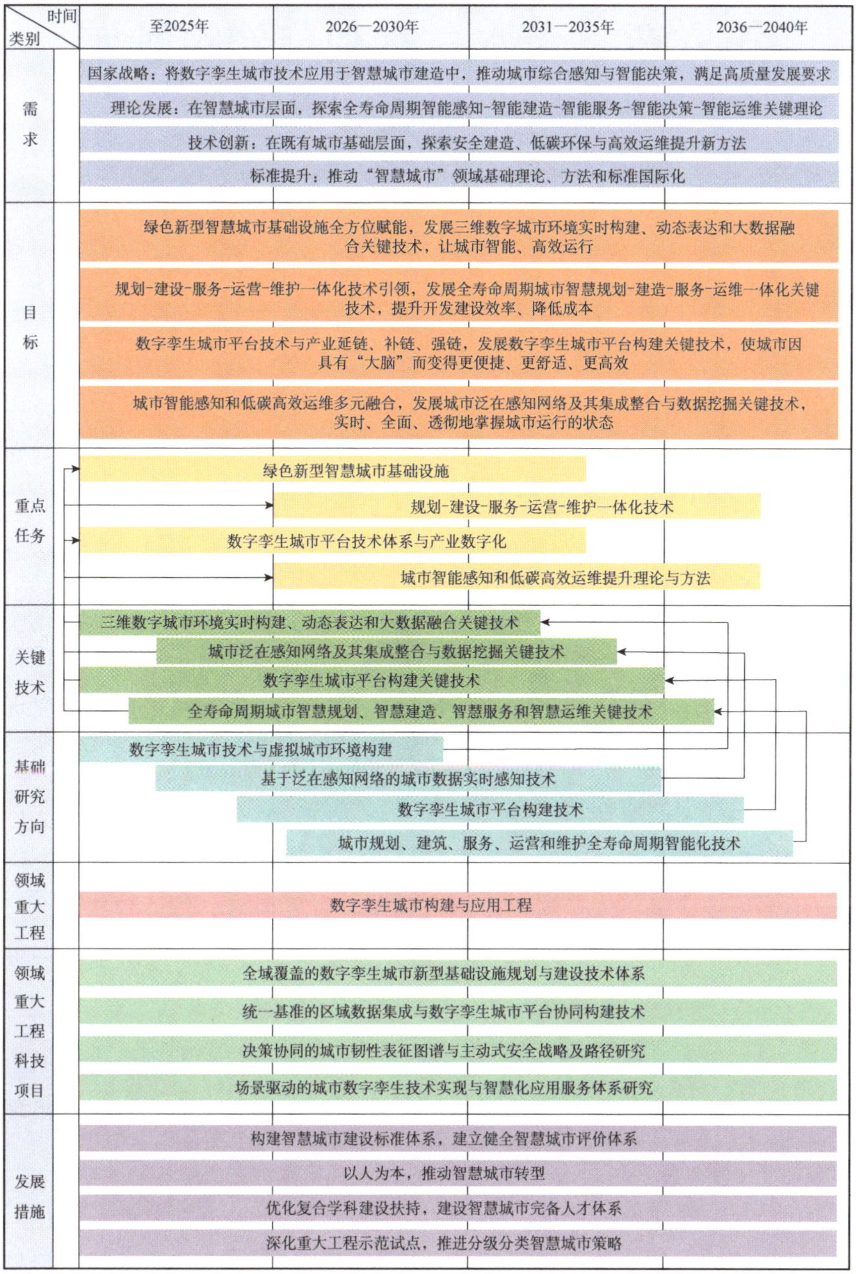

图 5-7　面向 2040 年的“智慧城市”领域工程科技发展路线图

第六章　土木、水利与建筑领域重大工程建议

重大工程指直接服务于我国国民经济建设，立足于解决制约经济社会发展的重大问题，直接形成现实生产力或服务能力，且需要有工程科技的重大突破来支撑的工程项目。面向2040年“土木、水利与建筑”领域建议的重大工程如下。

一、高密度城市建成环境的生态低碳优化工程

（1）需求与必要性。近40年的快速城镇化进程解决了我国经济社会发展的基本诉求，但也造成了城市特色缺失、生态环境恶化、交通拥堵等“城市病”严重，规划不尽科学，历史文化名城、镇、村遭受的破坏与冲击严重问题。在建筑方面，能耗高，人居环境质量较差，设计崇洋媚外，缺乏文化自信，建造方式粗放浪费，耐久性低下。未来中国城镇应具备安全可靠、绿色环保、智慧便捷、舒适宜居、经济适用的突出特征。在全球化和地域化背景下，发展绿色、生态、低碳、可持续的城市与建筑。

（2）工程目标。到2040年，成功研发一系列针对我国高密度城市建成环境的生态低碳优化技术体系，结合城市更新实施高密度城市环境低碳改造。

（3）工程任务。“十四五”至“十五五”期间，建构高密度城市建成环境的城市与建筑高精度基础数据库，对既有城市建成环境的总体碳排放进行综合评估，明确高密度建成环境中的主要问题，并展开城市中心再开发与性能提升关键技术、紧凑城市和空间集约利用技术、

城市低能耗空间规划组织技术、城市微气候与空间形态优化技术、宜居空间形态生态设计技术的研发。“十五五”至“十六五”期间，在不同城市试点应用相关技术方法，并对各技术的低碳绩效进行评估，进而对相关技术进行优化和改进。“十六五”至“十七五”期间，推广相关技术方法，并研发适应复杂高密度城市环境的新城市建筑更新技术。

（4）实施效果。针对我国高密度建成环境的生态低碳优化技术体系，结合城市更新实施高密度城市环境低碳改造，促进城市建成环境趋近碳中和。

二、极端恶劣环境下巨型复杂土木水利工程

（1）需求与必要性。土木结构工程创新技术将在我国大型立体城市集群构建、深海工程建设、新型能源开发利用、战略物资储备、军事防护设施革新等领域的颠覆性突破中发挥举足轻重的作用，并且川藏铁路、沿海通道、雅鲁藏布江水利水电开发等国家重大需求也对土木结构工程提出了更高要求，土木工程将向巨型化、复杂化、超高化、系统化的方向发展，同时还将具备强大的抵御自然灾害、极端气候、武器打击等各类恶劣复杂环境作用的能力。

（2）工程目标。到2040年，研发成功一系列满足极端恶劣环境下巨型复杂土木水利工程服役性能要求的高性能工程材料与新型结构体系，提出配套的建造与运维技术。

（3）工程任务。“十四五”至“十五五”期间，解决工程材料在高原、高寒、干湿交替、大温差等复杂耐久性条件下的可靠服役问题，突破高性能纤维增强复合材料、高性能钢材、高性能混凝土等工程材料的研制，显著提升材料性能指标，满足重大工程建设需求。“十五五”至“十六五”期间，研发适用于大型立体城市集群、海上城市综合体、跨海连岛工程、深海资源开发利用、复杂地质条件、国家战略物资储备、军事防护结构等各类恶劣复杂环境条件的新型结构体系，

提升土木水利工程的适用范围和抵御恶劣复杂环境作用和重大自然灾害的能力。“十六五”至“十七五”期间，基于巨型工程在极端恶劣环境下的建设、运营与维护需求，研发可适应复杂施工环境的高效建造技术以及覆盖全寿命周期的运维提升技术，为巨型复杂土木水利工程的高质量、长寿命发展提供技术保障。

（4）实施效果。通过材料和结构层面的创新以及新一代工程诊治技术的突破，形成成熟的重大工程材料、结构、建造技术、长寿化运维技术体系，全面提升我国对极端恶劣环境下巨型复杂土木水利工程的规划、设计、建造、运维全环节的科技水平和执行能力。

三、国家水网工程

（1）需求和必要性。水网作为水循环系统的载体，是所有水循环调控行为的客观基础，它不仅包括信息化在内的各项水利基础设施的集成，也包括各项水事管理措施的集成。尽管我国水利事业已取得巨大成就，但目前防洪减灾体系、水资源合理配置与高效利用体系、水生态环境保护体系建设明显滞后，没有从国家水网系统高度规划和建设，信息化处于较低水平。为此，必须将国家水网工程放在水工程未来发展的战略高度上。

（2）工程目标。构建“系统完备、安全可靠，集约高效、绿色智能，循环通畅、调控有序”的国家水网工程。

（3）工程任务。国家水网工程包括水物理网、水信息网和水调度网，包含通达性、系统化、可控性、智慧化、安全性和高效化等多个内涵，其实现的关键在于生态水网规划布局和高效运行管理体系的原始创新，重点攻克以下技术：①创新发展区域水平衡和现代水网规划基础理论，研发基于区域水平衡的水资源安全评价方法，揭示“水资源-经济社会-生态环境”耦合作用下水平衡态势时空演变规律；②研发生态水网规划理论方法与关键技术、水循环空天地信息监测与传输技术、多源水资源信息智能融合与水循环工程节点控制技术、流域水循环信息高性能处理与虚拟仿真技术、智能水网综合调控云服务平台集成技术；③创新国家水网构建准则，突破水资源要素驱动效应集成模拟、大尺度水资源系统均衡调配、泛流域水网布局优化等关键技术，研发具有完全自主知识产权的国家水系统均衡调控模拟器，提出全国以及长江、黄河等重点流域水资源配置与水网优化方案，形成可操作的管理与工程措施建议，实现“理论-技术-应用”全链条创新。

（4）实施效果。通过国家水网工程建设，完善我国“南北调配、东西互济、多元保障”的国家水资源优化配置格局，加强流域防洪工程体系布局和水安全保障能力，实现“美丽中国”“幸福河湖”等宏伟目标。

四、京津冀可持续水系统工程

（1）需求与必要性。京津冀协同发展是我国的重大国家战略，然而，日益严重的京津冀区域环境问题，尤其是水安全问题，如水资源严重匮乏、水环境质量恶化、水生态受损加剧等，严重威胁区域经济可持续发展和生态文明建设，已经成为京津冀协同发展的阻碍。聚焦京津冀城市水安全，构建京津冀可持续水系统是京津冀协同发展的有力抓手，也是我国的战略性选择。

（2）工程目标。到2040年，污水收集效能显著提升，县城及城市污水处理能力基本满足当地经济社会发展需要，水环境敏感地区污水处理基本实现提标审计；京津冀地区再生水利用率达到35%以上，建立系统、安全、环保、经济的可持续城市水系统。

（3）工程任务。围绕京津冀协同发展的重大需求，构建京津冀可持续水系统，保障区域水安全。在水资源安全保障方面，研发并示范一批饮用水净化、水资源综合利用、非常规水资源（雨水、海水、污水）开发利用先进技术，综合考虑污水收集、处理、再生利用和水环境治理需求，统筹规划建设污水管网、污水处理厂、再生水厂和河湖水环境治理设施。在水环境质量安全保障方面，重点研发针对性强的低碳型污水高效处理技术和集成系统，支撑京津冀地区水环境质量持续改善；以再生水利用为导向规划污水处理厂、再生水厂和管网建设，系统掌握处理技术或工艺与不同水源水质、再生水水质要求之间的关系并构建科学、合理的评价体系和评价方法。在水生态安全保障方面，重点研发智慧化风险应急预警系统、城市水系统恢复和健康循环关键技术及重污染城市水体综合整治关键技术，支撑城市水系统健康循环和可持续发展；实施厂网河湖一体化协同管理，推进厂网河湖水质、水量、水位智能化监测网点建设，搭建一体化联合调度数据平台、应用平台、管理平台，提高运行效能。

（4）实施效果。通过城市水系统体系与管理制度层面的创新以及新一代水安全保障技术的突破，全面提升京津冀地区水资源安全、水环境安全及水生态安全保障能力，建设一批污水资源化利用示范城市，实现规模化的京津冀地区可持续水系统建设。

五、全球卫星遥感实时监测系统

（1）需求与必要性。建立我国自主管控、全球覆盖、军民共用的天地一体化综合信息网络，是实现卫星资源服务化、提高民生服务和应用的质量与效益的需要，是适应经济全球化发展、维护国家安全和发展利益、实现航天应用技术持续发展和创新的需要，也是实现航天大国迈向航天强国、实现民族复兴中国梦的需要。为促进信息共享和资源综合利用，充分发挥航天信息化建设的应用效益，需要及早开展我国空天地一体化综合观测网络的研究和建设工作。

（2）工程目标。到2040年，研发由我国自主管控、全球覆盖、军民共用的空天地一体化综合观测系统。

（3）工程任务。“十四五”至“十六五”期间，采用通信卫星星座、遥感卫星星座和导航卫星星座，实施全球全时覆盖空间层各种航天器、临近空间层各种飞行器、地面层各种用户终端和相关地面设施建设。深入在卫星通信系统架构建模、星间通信链路建模、微重力科学卫星总体设计等方面的探索研究，提升数据利用、系统协同、设计管理能力，对当前通信、遥感、导航总体设计协同、优选、验证的方式进行改进，进而实现更快、更优、更可靠的“卫星一张网”。“十六五”至“十七五”期间，建设由星间链路、星地链路和地面线路组成的天基信息网络，并与以互联网为代表的各种地面信息网组成的地基信息网络通过信息或业务融合、设备综合和网络互联互通等多种方式组成一个全球覆盖天地一体化综合信息网络。实现综合天地一体化卫星通信、遥感、导航三网用户段应用。针对卫星互联网、卫星导航系统等卫星组网的星座系统构建卫星网络与运维网络，包括卫星组网、卫星网络服务、卫星星座更新与维护等过程。解决基于低轨卫星通信系统卫星互联网的卫星节点在轨、网络拓扑时变、链路无线开放、空间环境复杂等问题，构建一个实时性、可靠性、稳定性、安全性的全套卫星互联网络。

（4）实施效果。在国外不设地球站的情况下实现国内测控站实时测控网内全球运行的各种飞行器，国内遥感站实时接收网内全球运行的各种遥感卫星发送的信息，国内关口站直接管理网内在全球活动的各种用户终端之间的通信。卫星系统高度自动数字化、系统间信息高效交互、流程间模型演化与数据关联迅速，且卫星产品、卫星车间、卫星网络等的数字化、网络化、智能化、服务化水平满足快速响应、实时管控、高效智能、灵活重构、便捷易用等多样化需求。

六、近地震带复杂地层渤海湾跨海通道桥/隧工程

（1）需求与必要性。渤海湾跨海通道是我国沿海交通发展规划中“同三国道”的重要组成部分，具有迫切的修建需求：首先满足山海关内外交通运输量的快速增长需求，既有线路增设列车已无余量，亟须开辟新通道；其次渤海湾跨海通道可将从山东烟台到辽宁大连的高铁车程由 10 小时缩短到 1 小时；最后可联通、振兴整个东北地区，辐射整个华东地区，区域收益大。渤海湾跨海通道建造技术难度高、投

资大，且位于海城-营口-郯庐地震带，开展相关试验段示范应用研究、因地制宜探索新型桥/隧结合形式建造关键技术迫在眉睫。

（2）工程目标。到2040年，突破及解决近地震带复杂地层渤海湾跨海通道桥/隧工程、浮式桥梁、悬浮海底隧道的建造关键技术，实现渤海湾跨海通道设计、建造。

（3）工程任务。至2030年左右，完成跨海通道重大工程技术重点领域、关键性技术等研究，重点探讨各种方案的可行性及解决各种可能方案面临的技术难题，针对沉管隧道建设方案，重点研究地震带附近复杂地层沉管隧道建造安全控制关键技术，解决沉管隧道地基处理及差异沉降防控、沉管隧道管段防水设计与突水防治以及地震作用下沉管隧道动力响应与安全防控等关键技术。针对盾构隧道方案，重点研究地震带附近复杂地层沉管隧道建造安全控制关键技术，进行海底复杂地层高耐磨抗冲击新型盾构刀具的研发与应用，解决海底复杂地层土压盾构渣土改良及开挖面稳定控制、海底复杂地层土压盾构停机开舱及刀具更换、土压盾构废弃渣土处理及基于全线路的工程废弃土环保处理及资源化再利用等关键技术。针对桥/隧连接段，重点进行桥/隧连接段海上人工岛安全建造关键技术研究，解决海上人工岛陆域形成与地基处理、海上人工岛新型护岸结构设计与应用、海上人工岛填筑施工与长期沉降控制、海上人工岛生态与环保调控、长期沉降监测与监控等关键技术。探索浮式桥梁、悬浮海底隧道等新型技术应用的可能性，进行近地震带浮式桥梁、悬浮海底隧道建造安全控制关键技术研究。突破浮式桥梁施工建造技术，悬浮海底隧道施工建造技术，风、浪、流等复杂海况联合作用下浮式桥梁、悬浮海底隧道的动力响应及承载性能以及近地震等极端环境作用下浮式桥梁、悬浮海底隧道的动力响应及承载性能。至2040年，完成渤海湾通道工程可行性研究方案的论证，并提出适合渤海湾通道工程的设计方案并进行通道的开工建设（试验工程建设）。

（4）实施效果。通过近地震带复杂地层渤海湾跨海通道桥/隧工程建造关键技术的突破，形成复杂地质条件下深水桥隧工程的建设技术体系，全面提升我国复杂条件下跨海通道建造技术，增强我国跨海通道建造技术的竞争力，推动环渤海地区的一体化发展。同时跨海通道技术的积累对积极推动我国琼州海峡跨海通道及台湾海峡跨海通道的建设具有重大意义。

七、数字孪生城市构建与应用工程

（1）需求与必要性。为解决城市发展难题，实现城市可持续发展，建设智慧城市已成为当今世界城市发展不可逆转的历史潮流。数字孪生城市工程可以应用于多个领域，如城市规划、能源管理等，通过数字孪生技术可以实现对物理实体的高效运营和管理，提高生产效率和资源利用率，减少成本和降低风险，赋能城市治理、民生服务等。我国未来亟须在智慧城市建设这一关乎国计民生和国家战略的重大领域取得关键性突破和示范性应用，为城市健康发展与人民安居乐业提供必要的技术服务。随着信息通信技术的发展，数字孪生理念与技术在城市中的应用已然具备了实现基础，城市向虚实同步演进的发展与治理模式转变，这有利于以低耗损提前解决城市中面临的重大问题，预知城市未来态势，有效推动城市领域业务数字化转型与高速稳步发展。

（2）工程目标。到 2040 年，研发一系列功能集成、业务协同的技术体系与系统平台，实现城市孪生的感知、仿真、决策、控制的逻辑闭环，提出数字孪生城市相关领域工程实现的应用体系。

（3）工程任务。“十四五”至“十五五”期间，研究支撑高精度的全域城市空间泛在感知体系的集成整合，解决海量城市大数据多源/元异构数据集成、数据分析建模、数据的联动和融通等技术问题，研究形成一批在关键领域实现技术、设备与应用整合的标准规范体系，构建城市数据从获取到应用支撑的纵向全周期计算技术体系与横向关联互通的动态融合技术体系，满足数字孪生城市搭建与运转的基本需求。“十五五”至“十六五”期间，研发大规模虚拟城市环境的实时构建与动态表达技术体系，提出相适应的城市空间与场景仿真推演与决策优化技术体系，在数字空间构建一个与现实世界实时匹配的孪生城市，构建可嵌入易融合的开放式应用生态体系，支撑外部应用拓展与能力供给，为城市精准治理、居民的幸福生活以及经济稳健发展提供技术力量。“十六五”至“十七五”期间，研发横跨多个城市业务领域的城市级平台技术体系，综合多领域特质解析数据需求，建立数据分析、调度与应用体系，研发面向不同城市应用场景实现的数据协同融通技术，提升数据服务城市的执行能力。

（4）实施效果。通过城市数据与平台层面的技术突破与工程应用模式的创新，形成成熟的数字孪生城市数据感知、汇聚、管理、治理与应用体系，构建纵向逻辑归一、横向衔接协同的数字孪生城市体系，全面提升我国智慧城市在各大城市领域中的智慧化水平，支撑多层级、多主体智慧城市系统的协同耦合，支撑城市规划、管理与决策服务的全周期数字化转型与关键技术实现。

第七章　土木、水利与建筑领域重大工程科技项目建议

重大工程科技项目主要指由多个具有前瞻性、先导性和探索性的重大关键技术组成，支撑未来重大工程突破和新兴产业发展的重大科技攻关项目。面向2040年“土木、水利与建筑”领域建议的重大工程科技项目如下。

一、城市更新技术创新与应用平台

（1）应用目标。随着我国城市从高速城镇化发展迈向高质量发展阶段，城市发展相关技术科学也应顺应城市更新的发展需求，解决实现城市高质量发展的重大技术问题。建立城市空间和既有建筑的长期、动态、科学评价机制；搭建城市管理数字化平台并实现一体化实施；研发基于“双碳”目标的建筑技术与策略；挖掘城市文化基因，研究文物和历史文化街区的活化利用技术等。

（2）工程目标。建立国家级领域类技术创新中心，围绕落实国家科技创新重大战略任务部署，开展关于城市更新的关键技术攻关，进一步完善新型城镇化战略，全面提升城市品质。同时，提升我国建筑行业的整体创新能力与核心竞争力。创新中心培育期：选定创新平台的依托企业，组建研发队伍，明确发展目标和定位，按照我国新型城镇化发展需求确定拟解决的重大技术问题。创新中心组建及试运行期：按照重大技术攻关确立研发团队和研发方向，制定研发阶段性目标，组建研发团队和研发专家库。创新中心第一个运行期：按照创新平台管理办法，组织和确保研究工作的顺利进行，按照年度计划完成

既定目标。

（3）主要任务、技术途径与可行性分析。针对我国“大城市病”以及城市功能宜居、创新、智慧、绿色、人文、韧性的发展需求，将技术创新聚焦于以下几个方面：一是城市空间发展数字决策技术。针对城市综合治理能力与新型城镇化发展不相适应的问题，通过建立和应用我国本土数字技术的智慧化平台，来建立高效的城市空间发展数字决策技术。通过城市信息模型（city information modeling，CIM）建设，完成城市智慧化管理平台的普及。该项技术主要应用于解决城市不同管理部门间的协同问题，提升城市韧性发展等。二是城市体检与建筑评估理论及数据平台技术。针对城市体检和建筑后评估平行发展，导致数据和评估结论没有衔接机制的问题，通过建立指标体系衔接机制、评估数据标准、应用场景模型等方式，建立相应的理论并搭建数据平台，实现城市运行动态评估数据的整合，提升城市的整体响应机制。该项技术主要应用于整合城市体检与建筑后评估的数据和结论，使得评估结论与城市更新策略的进一步落地实施更有针对性。三是基于“双碳”目标的建筑技术与策略。攻克降低建筑运行能耗技术，发展既有建筑的更新改造技术，研发低碳建筑结构形式，探索新型建筑材料的应用与装配式建造技术等。该项技术主要应用于降低我国建筑新建、改造和运用阶段的碳排放。四是历史文化街区及文物的保护和传承利用技术。为了更好地挖掘我国城市文化基因，更加深刻地理解和阐释文化内涵，城市文物和历史文化街区的价值评估与保护方法，以及文化资源的再利用需要进一步建立长效机制，传承利用技术是城市老城区有序发展的关键。该项技术主要应用于历史文化街区活力再生、传统村镇品质提升等。五是特殊自然条件下的建筑系统更新和未来新技术体系。针对极地考察站等特殊地形地貌和气候条件下的建筑系统，研发未来新技术体系。因南极等地特殊的自然环境，应研发出一套适用性强、新技术新材料满足使用需求的未来建筑体系。该项技术主要应用于我国南极科考站及周边地区建筑群建设以及特殊地形地貌和气候条件下的建筑系统更新。

二、“光储直柔”建筑电气系统

（1）应用目标。通过“光储直柔”这一新型建筑电力系统连接周边停车场充电桩，与相连的电动汽车一起形成柔性电力负载，从而与远处（100—200 km）的风电光电基地联动，根据风电、光电基地的电力输出状况控制“光储直柔”建筑从电网的取电功率。这就使得“光储直柔”建筑及与其连接的电动汽车主要依靠零碳的风电、光电运行，也解决了风电、光电的有效消纳问题。未来如果有 200 亿 m^2 居住建筑、50 亿 m^2 办公建筑和 20 亿 m^2 其他类型的公共建筑和商业建筑实现“光储直柔”，可基本解决我国未来 70%的光电、风电的消纳，从而实现零碳电力。这一任务还将带动电力电子、直流配电、建筑直流电器、蓄电池、电动汽车等多个产业的发展。

（2）工程目标。到 2025 年，建成 500 座共 500 万 m^2 包括 3 万个直流充电桩在内的“光储直柔”建筑，并形成相关系列标准，初步完成系统的技术开发，形成产品化和工程化能力。2025—2030 年，每年建成 2000 万 m^2“光储直柔”建筑。2030—2040 年，每年改造 5 亿 m^2 建筑，成为“光储直柔”建筑。到 2040 年，依靠“光储直柔”建筑和与其连接的 5000 万辆电动汽车，形成 5 亿 kW 光电、风电的有效消纳能力，并使这些建筑和车辆用电的 85%来自风电、光电。

（3）主要任务、技术途径与可行性分析。“光储直柔”建筑就是充分利用建筑外表面空间安装太阳能光伏，在建筑内合理布置蓄电池，在建筑内通过直流母线与光伏、蓄电池、各个用电设备以及邻近停车场的智能充电桩连接，并通过 AC/DC 与交流外网连接。在有效收纳自身光伏电力的前提下，通过 AC/DC 调整直流母线电压来调整交流外网的输入功率，使得在满足建筑各种正常用电需求的前提下，可以根据电网供需平衡的关系在很大范围内调整从交流外网的取电功率，从而可以使得“光储直柔”建筑及与其连接的电动汽车仅使用外界风电、光电，实现零碳电力运行。为此，需要突破系列关键技术，包括："光储直柔"建筑配电系统架构、电压基准、接地方式、安全保护措施、抗干扰抗冲击措施，形成系列标准；以直流母线电压为功率调控信号的系统调节控制方法，提高自适应性、鲁棒性和可靠性；电网与"光储直柔"建筑的接口 AC/DC 的控制算法和软硬件产品；以直流母线电压为功率调节依据的智能直流充电桩控制算法及软硬件产品开发；以直流母线电压为功率调节依据的分布式蓄电池控制管理算法及电池管理模块开发；响应直流母线电压调节用电功率的各类建筑设备和电器的直流化、接口标准和调控算法；批量地规划调度"光储直柔"建筑用电曲线，有效消纳风电、光电的预测与调度算法；支撑"光储直柔"建筑发展的相关政策、机制。在上述技术、产品和政策机制的支撑下，开发建成一批"光储直柔"示范建筑，解决工程中出现的新问题。配合"光储直柔"建筑的需要，推进建筑配电产品和建筑电器产品的直流化和智能化，逐渐建立起新的直流化产品系列。

三、重大基础设施服役安全高效诊断与提升

（1）应用目标。探明重大基础设施服役性能演化机理，揭示服役病害孕育成型机理，提出高效性能提升技术，是土木工程防灾减灾领域的前沿问题，也是保障重大基础设施运营安全的重大需求。因此，重大基础设施服役安全高效诊断与提升技术体系对促进土木工程长寿化、可持续发展具有重要意义。

（2）工程技术目标。以大型基础设施安全保障的国家重大战略需求为牵引，解决大型桥梁、隧道、国防、大型科学装置等重大基础设施服役性态感知、识别、评价、预测等四个互相关联的智能诊断关键技术问题，通过全息、全域、全时的智能安全诊断技术，突破海量基础设施"不能诊、不精准、不及时"的服役安全瓶颈问题，建立重大基础设施的服役安全保障系统方法。

（3）主要任务、技术途径与可行性分析。通过感知、识别、评

价、预测四个智能诊断层面的联合，深入揭示在役重大基础设施的通用物理表征-敏感指标体系-关键结构性态的逻辑关联，研发智能感知传感装置与多场景多尺度通用智能识别方法，提出数据-物理模型耦合的评价、预测智能算法。具体包括：揭示结构服役性态多元感知原理，研制结构服役性态多元智能感知集成系统，为重大基础设施安全智能诊断提供丰富多元的数据；提出基于机器视觉、应力波、振动与红外等新兴技术的结构服役损伤与荷载效应识别方法；建立材料-构件-连接-结构的服役性能多维表征性态指标体系，揭示数据-物理耦合驱动的结构服役性能与多维表征性态指标映射机理，形成基于关键表征指标体系的结构服役性能智能评价理论；揭示基础设施系统服役性能与指标映射的时变演化规律，提出多模态下基于深度强化学习的体系长时程可靠度计算框架，建立时变可靠度水准体系以预测结构服役寿命。

四、大跨度悬索桥多阶涡振与控制

（1）应用目标。2020 年，我国鹦鹉洲长江大桥、虎门大桥和西堠门大桥等三座千米级悬索桥相继发生大幅涡振现象，其中虎门大桥因涡振导致交通中断 10 天之久，引起了全国上下对我国桥梁安全问题的普遍关注。虎门大桥、武汉鹦鹉洲长江大桥在建成 10 余年后发生大幅涡振现象，其致振机理及高效的治理技术仍然是困扰业界的难题。我国大跨度悬索桥数量众多，已建成的主跨超过 1 km 的悬索桥数量占世界一半，在未来规划的跨江跨海通道上悬索桥也是最有竞争力的桥型之一。因此，探明大跨度悬索桥多阶涡振机理，提出成套高效、系统的涡振治理技术，既是土木工程防灾减灾领域的前沿问题，也是保障大跨径悬索桥运营安全的重大需求。

（2）工程技术目标。以大型基础设施安全保障的国家重大战略需求为牵引，聚焦大跨度悬索桥多阶涡振演化机理和防控原理与技术两大核心关键问题，研究并揭示悬索桥结构阻尼比的统计分布规律和演化特征，探明悬索桥多阶模态涡振孕育条件与振动机理，研发既有桥梁多阶模态涡振治理的关键技术与应急装备并进行工程示范，为我国悬索桥抗风设计与风致振动病害防控提供关键科学理论与技术支撑，提升我国大跨径悬索桥的运营安全。

（3）主要任务、技术途径与可行性分析。第一，悬索桥多阶模态涡振孕育条件、振动机理与预测方法研究。研究悬索桥多阶涡振的致振机理，建立其致灾条件；研究结构、气流与模型等多参量对悬索桥涡振的影响，发展悬索桥多阶涡振预测的可靠试验技术；建立悬索桥典型加劲梁断面涡激力的精细理论模型，提出悬索桥多阶模态涡振的预测方法，揭示悬索桥不同模态涡振振幅的演化规律。第二，悬索桥高阶模态阻尼比高精度测试技术及其变化规律研究。针对我国大跨度悬索桥阻尼比等基础参数不足的问题，研发大跨度悬索桥多阶模态的大功率动力激振技术与装备，提出悬索桥阻尼比的高精度识别方法并开发相应的模态识别软件系统；测定我国一批代表性悬索桥的模态阻尼比，研究模态阻尼比随结构振幅、模态阶数的变化规律，提出悬索桥结构阻尼比的合理取值建议。第三，公路及铁路悬索桥多阶涡振的风险评估与振幅限值研究。发展悬索桥加劲梁涡振与轨道不平顺耦合下的高速列车-桥梁耦合动力效应分析方法，评估悬索桥加劲梁及轨道结构的涡振应力及疲劳性能；开展桥梁涡振与列车走行安全性及舒适性的相关性研究，提出基于桥上行人舒适性、高速列车走行安全性与舒适性的涡振振幅限值。第四，多阶模态涡振治理关键技术与应急装备。研究悬索桥涡振控制的气动原理与机械阻尼原理；研发悬索桥多阶涡振控制的被动控制与半主动控制方法与装置，研发悬索桥涡振抑制的快速应急装备，形成悬索桥多阶涡振治理的成套技术并进行工程示范。

五、西南主要跨界河流战略储备水源与利用

（1）应用目标。我国人多水少，水资源时空分布不均、与生产力布局不相匹配，破解水资源配置与经济社会发展需求不相适应的矛

盾，是新发展阶段我国发展面临的重大战略问题。党的十九届五中全会提出实施国家水网、雅鲁藏布江下游水电开发等重大工程，对西南跨界河流充分发挥资源优势支撑国家战略发展提出了要求。同时，西南地区区域地质条件复杂，自然灾害频发，生态环境敏感，基础资料薄弱，工程建设挑战大。开展西南跨界河流战略储备水源与利用研究，对于优化我国水资源配置格局、保障我国水资源利用权益、服务政治外交大局具有重要现实意义和深远历史意义。

（2）工程技术目标。以国家重大战略需求为牵引，聚焦水平衡基础理论与调控、水网工程优化与布局等关键技术，揭示西南跨界河流水资源时空分布规律和变化趋势，阐明西北和黄淮海地区长远发展水资源需求，攻克国家层面水资源空间分布不均问题，全面提升我国水安全保障能力。

（3）主要任务、技术途径与可行性分析。一是开展水资源时空分布特征研究。开展区域水文调查观测技术研究，研究全球气候变化背景下西南主要跨界河流的水资源时空分布特征及其变化趋势，研究其与西北干旱地区、长江流域、黄河流域水资源的遭遇特性。考虑流域控制性工程建设，分析西南主要跨界河流水资源调控能力。考虑国际关系和国际水法，研究可利用战略储备水源量。二是开展战略储备水源去向及需求研究。研究国家水土资源、能源和电力资源等的空间分布规律，识别经济社会发展趋势下西北干旱地区国土开发的水资源需求、长江及其作为黄淮海跨流域调水水源的长远水资源需求，研究国家空间尺度的水资源优化配置技术，从国家永续发展需要出发研究西南主要跨界河流战略储备水源的可能去向及水安全保障、生态等战略意义。三是开展战略储备水源布局研究。考虑水源区和受水区水资源时空分布差异，根据地形、地质、生态环境等控制性因素，研究大空间尺度协同水源和需求的优化配置和效益评价技术，研究制定战略储备水源利用总体布局，包括调水规模、调水路由、调蓄工程布局、水资源配置布局、对境外的影响等，匡算工程效益。四是开展战略储备水源利用方案研究。考虑地质环境和自然灾害等空间分布，研究水资源战略储备与利用的工程技术，研究大埋深长隧洞、高地震带筑坝、大流量高扬程提水、高寒地区输水等工程建设运行面临科技难题的解决方案。五是推进水资源战略储备与利用。结合国家水土资源利用发展趋势，考虑国家战略发展需求，研究提出推进水资源战略储备与利用的步骤建议。

六、长江黄河等重点流域水资源与水环境综合治理

（1）应用目标。长江、黄河是我国的母亲河，由于经济社会发展，目前长江、黄河出现了诸多问题。长江大保护和长江经济带建设、黄河流域生态保护和高质量发展等是国家重大区域发展战略需求，通过水资源-水环境-水生态“三水”融合和健康水系统构建，支撑长江、黄河流域水安全保障与治理能力的实质性提升，形成重点流域水系统治理范式，并进行推广应用。力求为长江、黄河水资源调控和承载力提升，水环境质量改善，生态用水需求保障，河湖生态系统功能修复及生态系统完整性提升等提供强有力的技术支撑，为以流域为主体的治理与管理能力现代化水平提升提供探索性经验。

（2）工程技术目标。面向“健康长江、幸福黄河”构建中的重大科技需求，秉承问题导向、目标导向，坚持“四个面向”的战略导向，坚持系统思维、重点突破、创新引领，坚持以流域为单元、以水网为脉络、以水流为纽带，实施“三水”统筹治理的思路，按照“夯实科学基础—突破关键技术—创新智慧管控—集成应用示范”的组织逻辑，针对长江、黄河等重点流域的重大水问题，通过顶层设计和系统布局，开展基础理论到集成示范的全链条科技攻关，创建“三水”融合与绿色流域构建的技术体系，提升长江、黄河等重点流域水资源、水环境、水生态安全保障的技术支撑能力及治理现代化，支撑长江经济带建设、黄河流域生态保护和高质量发展等重大战略。形成流域尺度“三水”综合治理方案，为其他流域提供可应用范式。

（3）主要任务、技术途径与可行性分析。为深入推动长江大保护与黄河流域生态保护和高质量发展，紧密围绕长江、黄河流域水资源水环境水生态综合治理的科技需求，通过基础理论研究、关键技术与装备研发、流域管理创新、典型区域和小流域集成示范，支撑长江、黄河等重点流域水安全保障与治理能力的实质性提升。主要开展流域水系统健康诊断与病因识别、流域水资源系统调配与高效利用、流域水环境质量改善与综合治理、水源水质风险阻断与饮用水安全供给、流域生态系统修复与“三水”融合调控、智慧流域与管理创新等方向的研究。

七、基于无动力渗透膜的零碳饮用水处理

（1）应用目标。随着城市群的高速发展，我国饮用水源水质成分日趋复杂，工业废气、垃圾燃烧、煤燃烧、秸秆燃烧、生活垃圾填埋、工业矿渣等多种因素对饮用水源水质构成威胁，各种复合污染物长期并存，突发性污染事件频发，水质水量变化幅度大，运行稳定可靠度面临挑战。然而，饮用水厂普遍采用的常规处理工艺及后续的复杂深度处理工艺具有工艺流程长、能耗大（多次提升）、占地面积大、操作管理复杂等问题，不利于国家“双碳”目标的实现。新冠疫情期间，饮用水厂的常规工艺也面临生物安全的挑战。因此，开发高性能、多功能、低成本、工艺流程短、零碳排放的饮用水净化技术，已成为保障国家公共卫生安全、百姓饮水健康的重大民生需求。

（2）工程技术目标。无动力渗透膜的零碳饮用水处理工艺是重大关键技术方向和颠覆性技术，具有面向应用场景或重大需求的科技攻关任务。计划在 2025 年，开发出高性能、多功能、高适应性的无动力渗透膜净水工艺与集成装备，将工艺流程由现行的混凝—沉淀—过滤—臭氧—活性炭—膜分离等复杂的饮用水处理工艺缩短到单一的多功能渗透膜分离工艺。保障饮用水厂的生物和化学安全性，实现净水工艺零碳排放，运行费用降低 60%—80%，碳排放量降低 70%—90%，占

地面积减少50%—70%，并进行工程示范和推广应用。

（3）主要任务、技术途径与可行性分析。饮用水常规处理工艺具有污染物处理效率低、工艺流程长、能耗大、占地面积大、操作管理复杂等问题，而且深度处理工艺也具有能耗大、运行费用高、工艺流程长等问题。开展以多功能无动力渗透膜为核心的短流程饮用水净化工艺系列研究，对于降低碳排放、减少占地面积、保障水质安全具有十分重要的意义。针对饮用水中重金属、有机物、藻类、药物、嗅味等多重污染问题，研究将“常规处理—深度处理—膜分离”的多级复杂工艺缩短为“无动力渗透膜”单级工艺的可行性和适应性。开发适配于“无动力渗透膜工艺”的氧化、凝聚、微气泡等协同处理技术；开发适用于“无动力渗透膜工艺”的低能耗抗污染膜、低阻力纳米复合膜等制备技术，评估纳米复合膜的抗污染特性和除污染效能；开发适配于“无动力渗透膜工艺”的饮用水深度消毒工艺；评价“无动力渗透膜工艺”在饮用水净化过程中的多功能性、高适应性、低能耗性和低碳特性，形成一系列零碳水处理成套技术与装备，大幅度降低运行成本，节省土地，降低运行能耗，开展示范工程与应用推广，实现低碳、安全、高适应性的发展目标。

八、时空大数据的同化、融合、分析的方法与集成技术

（1）应用目标。时空大数据是一种与多尺度时间和空间密切关联的大数据。时空大数据来源广泛，可分为时间与空间基准数据、卫星导航轨迹数据、大地/重磁测量数据、空间媒体数据等类型，既包括广泛存在的传感网，也包括城市生活中的主体（人）。除具备数据量大、种类多样、价值较低、增长迅速等特性外，时空大数据还具备时空相关性、时空异质性等内在属性，也存在数据倾斜与分布不均的固有特性。综上，面向海量多源异构的时空数据资源进行数据挖掘、融合处理、分析与服务应用处理，促进多行业、多场景、多应用，研发适用于城市新应用场景的时空数据集成技术体系，对于推动我国测绘数据

产业发展，推动城市、产业新场景实现具有重要意义。

（2）工程技术目标。时空大数据集成技术主要包括处于智慧城市链上游的时空基础设施，处于智慧城市链中游的时空大数据平台和平台支撑环境，以及智慧城市链下游的时空大数据应用。其中，时空大数据平台是时空大数据整体技术的重要组成，主要汇聚、同化时空基础设施提供的海量时空数据资源；依托云计算环境中的计算资源、存储资源、网络资源、安全系统形成时空大数据融合中心；利用特征提取、模型匹配、特征关联、协同分析等技术分析并挖掘时空大数据价值及其隐含价值，进而实现数据的应用价值，以提高城市管理能力和社会治理效率为导向。研究多尺度差异时空数据的同化、融合与分析的关键问题，构建时空数据的集成表达体系、实时融合组织体系与综合分析应用体系，构建智能、动态、实时的时空数据整合统一与分析挖掘体系，满足更高效率的数据分析治理与融合应用。

（3）主要任务、技术途径与可行性分析。针对上述需求，分别从时空数据整合分析算法与模型、时空数据调度方法、时空数据管理系统与设备等方面开展研究，具体包括：研究各种地理对象、状态、事件、过程等要素的相互依赖关系，构建面向时空大数据的整合分析算法体系与实时动态优化模型；解析城市新场景的触发机制与实现流程，梳理时空数据的作用机理，研究一系列支撑场景实现的时空数据调度方法，构建耦合始动机制、过程依赖与执行流程的实时数据整合分析体系；解决多源非结构化数据对关系数据库管理的不耦合问题，研发适用于动态管理、海量存储和高并发访问的国防、气象、交通等新应用场景的数据库。

九、地球观测系统和实时智能综合应用体系构建与关键技术

（1）应用目标。现代卫星观测技术正在进入一个能快速实时提供多种类、大体量对地观测数据的新阶段，观测技术的进步提供了充足

的信息资源，对于精确实时获取地球信息、感知态势，把握全球经济、资源、环境、社会发展现状等方面具有重要作用。然而，如何充分融合来自各种类型观测体系、设备及多学科的观测信息，实现地球观测系统的协同化与观测数据的耦合作用，目前尚是一大难题。在数据向业务应用赋能的过程中，推动全球观测系统的应用和服务在获取、接受、处理和应用环节的协同工作机制，提升系统的响应速度与服务的及时性，推动观测向决策支持的实时智能服务模式转型升级，对于保障国家安全、服务社会经济发展、维护国民福祉具有重要意义。

（2）工程技术目标。面向科技发展与应用服务的衔接需求，研究全球观测体系下系统构建、数据融合及实时智能应用的关键问题，研究地球观测系统与数据的耦合体系的运行机制与技术体系，推动观测系统服务的基础支撑水平提升。构建面向需求与任务的广域实时任务本体语义表征图谱，研究自主管理与任务规划的智能化技术体系，推动全天时、全天候、全空间的观测数据实时智能服务体系的协同机制构建，满足更高效率的系统服务与面向综合决策的快速响应需求。围绕复杂环境和复杂目标信息获取与处理的难题，探索多源融合探测成像、多维度稀疏信号处理、智能遥感信息处理与目标识别等新机理、新方法，发展实时观测、实时反馈和自动决策等动态协同处理方法。

（3）主要任务、技术途径与可行性分析。针对上述需求，分别从地球观测系统耦合体系构建、多源数据融合平台构建、多任务集成实时智能应用体系等方面开展研究，具体包括：求解地物与系统间各参数组成的数理原则，研究地表过程与观测体系的衔接逻辑、定量观测产品验证和质量控制复杂性、资源需求与供给的动态调度体系，形成多系统耦合架构；解译观测系统之间的非完全公开特性，研究多种类传感器、卫星或者航空平台、地物参数敏感性、数据的商业性等排他性特征的集成体系，在技术上实现全链条无缝处理；研究融合多源数据的归集、抽取、清洗、融合等过程的数据治理体系，研究多模态信息可视化与智能化解译技术。研究任务规划、数据分析与应用调度模型与算法，研究集成认知模拟与数据的实时处理传输的快速交互机制，构建“请求—解析—处理—回传—决策”的综合决策技术体系。通过构建多尺度动态任务本体描述模型，有效分析和管理对地观测任务需求；协同规划高、低轨遥感卫星资源，实现任务需求和卫星资源的合理配置；在智能规划的基础上结合协同计算平台、协同在轨处理、终端请求与服务等技术形成星群智能服务体系，推动自主化和智能化的近实时星群智能服务，为全天时、全天候和全球的遥感信息近实时智能服务奠定基础。

十、水下（含海底）交通通道建造与运维系统安全指标体系

（1）应用目标。水下（含海底）交通通道是超大型跨江越海交通基础设施如港珠澳大桥、深中通道的重要组成，切实保障“命脉”安全建造和运维成为新的挑战。为全面贯彻落实《交通强国建设纲要》和《国家综合立体交通网规划纲要》等文件精神，结合“新基建”和智慧交通发展方向，针对目前水下（含海底）交通通道建造与运维系统安全评价体系缺乏而导致的应急响应和救援管理处于被动的局面，研究“水下（含海底）交通通道建造与运维系统安全指标体系”，以工程结构安全和交通安全为对象，辨识安全风险源，建立评价指标体系和评价方法，具体针对火灾、交通事故、水灾、结构破损等灾害，结合人工智能、物联网、大数据等技术开展水下（含海底）交通通道安全保障的系统创新，对保障水下（含海底）交通通道建造与运维安全，推动超大型跨江越海交通基础设施安全与应急保障快速向标准化、自动化、智能化转变具有重要意义。

（2）工程任务目标。辨识建造阶段工程结构安全风险源，建立基于物联网、大数据的评价指标体系，开发评价模型，建立基于多源感知的水下（含海底）交通通道施工建造安全体系框架。辨识运维阶段工程结构安全和交通安全的风险源，针对火灾、交通事故、水灾、结

构破损等灾害，结合人工智能、物联网、大数据等技术，完成安全评价指标体系，形成基于自主可控建筑信息模型计算仿真平台的评价软件，构建水下（含海底）交通通道安全运维管理与保障框架体系。

（3）主要任务、技术途径与可行性分析。围绕海底悬浮隧道的建养需求，筛选建造和运维的安全风险源，提出可接受的安全指标阈值，建立涵盖通道的“人-车-通道-管理-环境”五个方面系统的安全风险源体系，厘清风险源的客观和主观属性。在建造阶段工程结构安全风险源辨识的基础上，提出建立基于物联网监测、大数据分析的多层次安全评价指标体系和方法，开发安全评价模型。基于多时空尺度、跨学科角度、多源感知技术、通信技术、智能技术等相关技术，研究水下交通通道施工安全风险监控与预测预判，提出多源化主动智能防护关键技术联合发展的水下交通通道安全建造指标体系，构建覆盖水下（含海底）交通通道施工建造全方位特色的安全体系新框架。在运维阶段工程结构安全和交通安全风险源辨识的基础上，结合火灾、交通事故、水灾、结构破损等具体灾害，提出建立基于物联网监测、大数据分析、人工智能的多层次安全评价指标体系和方法，形成基于自主可控建筑信息模型计算仿真平台的评价软件。融合多源数字化、自动化、智能化技术，针对运维中的水下（含海底）交通通道的关键安全因素，研究覆盖交通通道人员安全、机械设备的安全、环境安全等因素的安全体系，综合性结合数值仿真、建筑信息模型、快速检测、大数据预测预警、应急管理策略等关键技术构建水下（含海底）交通通道运维指标体系。

十一、数字孪生城市协同构建与应用技术体系

（1）应用目标。新一代信息技术与经济社会深度交融，正引领全球新一轮科技革命和产业变革，其速度、广度、深度前所未有。数字孪生城市的构建需要面向真实世界中物理实体的全面感知与高效互联互通，通过布局全域覆盖的新型基础设施体系，搭建支撑多领域、多

业务数据融合及多系统动态耦合的数字孪生平台，实现现实世界运行模式与规律的表征与分析计算，最终导向集成场景与多元需求的智慧化应用服务。因此，探索面向实际城市应用场景，适应城市发展速度与效益，具备统一数据基准与平台体系的数字孪生城市构建技术，有助于优化传统城市规建模式与方法向新需求迈进，围绕综合性强、复杂性大的领域打造针对性应用场景，破解城市智慧化工程落地难题与技术应用难题，精准解决城市治理的难题，对于促进城市可持续发展、人民安居乐业具有重要意义。

（2）工程技术目标。以面向城市智慧化建设与高质量发展需求为牵引，研究通信网络、技术设施、算力设施等新一代信息基础设施体系的集成融合机制，推动我国基础设施体系的升级、融合与创新。面向大规模虚拟城市环境的仿真建模与动态映射技术瓶颈，研究数据与模型集成、多层嵌套系统耦合的数字孪生城市平台构建技术体系，推动我国数字孪生城市构建与应用的核心技术突破。面向城市全周期、多领域的业务智慧化升级与转型，结合虚实共生的多维实体模型、动态集成的孪生数据与系统耦合的能力引擎等先进技术手段，研究数字孪生城市技术的应用落地模式，构建智慧化应用服务体系，提供满足不同领域、不同层次用户、不同业务应用需求的集成服务体系。

（3）主要任务、技术途径与可行性分析。针对上述需求，分别从设施设备技术升级与融合、数字孪生数据治理与融合、系统耦合模式与机制及城市平台搭建、场景认知与协同机制、跨领域与跨学科知识集成融合、创新智慧化应用体系构建等方面开展研究，具体包括：研究数字孪生城市构建所需的感知粒度与传输速度，传统感知、网络与计算基础设施的升级路径与技术拓展，构建面向全域全要素的协同一体泛在感知体系、传输体系与计算存储体系；构建统一时空基准、数据编码基准、数据管理与治理基准、数据应用基准的数据全周期标准与体系，解析多系统间数据流转规则与机理，构建多源异构数据融合机制，提出城市数据集成整合与应用的有效模式；研究城市多领域、多尺度、多系统间的过程交互与传导理论，建立全时空、全要素、多层级的系统耦合机制，研究城市跨平台的实时交互模式，提出以数据-模型-平台为主线的纵向协同体系。建立跨领域多主体协同的城市场景分层分类体系，解构驱动场景的技术力量与要素耦合机制，构建城市场景认知与技术驱动的关键理论；研究新技术转型驱动下的城市应用服务需求与模式革新，解析重构传统城市业务领域职能与过程，建立一套纵向耦合与横向融通的多主体参与的应用服务体系，最终实现统一基准的区域数据集成和数字孪生平台的协同构建，赋能符合现代化高质量城市发展的智慧应用。

十二、城市（群）安全表征图谱及安全战略与路径

（1）应用目标。当今世界正经历百年未有之大变局，城市安全为国家把握“大变局”与“双循环”提供了稳定环境，意义重大。然而，现阶段我国城市安全与应急响应体系建设还存在不少挑战。一方面，灾害、事故等极端事件不断发生，严重威胁城市安全；另一方面，城市规模不断扩张，人口和财富不断集中，城市系统的复杂性不断增加，城市面临的安全问题更加严峻。不同风险与城市复杂系统相互叠加，耦合效应和时空分异性显著，后果难以估量。因此，亟须揭示孕灾与致灾机理，研究城市主动式安全战略与路径，提出防灾减灾对策，推动城市应灾模式转变，提升城市安全风险防控能力。

（2）工程技术目标。以城市群大规模建筑与基础设施安全保障的国家重大战略需求为牵引，解决城市群安全智能感知、精准识别、统一表征、综合提升等关键技术难题，通过知识图谱、空天地一体化监测、数字孪生、智慧城市等先进智能化技术，突破海量建筑与基础设施安全性态不明晰、病害难确诊、风险欠量化、决策缺依据的瓶颈问题，研究并建立城市安全表征图谱理论与体系，揭示耦合风险作用时空演化机理；研发聚合实体世界与数字维度的应灾机制发生、传导与控制推演技术，揭示城市建筑与基础设施安全风险重点区域与薄弱环

节；构建城市群安全水平综合提升技术体系，推进我国城市安全战略与路径制定的工程范式，建立我国城市群安全战略及路径制定科学方法。

（3）主要任务、技术途径与可行性分析。通过知识图谱、天-空-地一体化监测、数字孪生、智慧城市等先进智能化技术，深度感知城市群安全性态，精准识别城市群安全病害，科学量化城市群多灾害风险，全面提升城市群综合安全水平。具体包括：综合城市群多灾风险与灾害耦合影响，揭示不同风险下城市安全本质要素与灾变机理，提出城市群建筑与基础设施安全表征图谱理论与构建技术；综合利用天基、空基、地基等多源多维度感知手段的各自优势，明晰城市群建筑与基础设施表观监测数据与内在灾变规律的映射机理，研发城市安全风险空天地一体化融合感知关键技术与装备；构建城市群建筑与基础设施“虚”“实”空间的动态联通映射，建立数字孪生支持的城市安全风险情景构建与交互推演技术，揭示城市群灾变演化机理；研发面向建筑与基础设施全寿期决策、多风险预警与跨尺度处置的城市安全智能体关键技术与装备，构建融合智慧城市的建筑与基础设施多层级综合韧性评估与提升技术，为我国城市群安全战略及路径制定提供全方位、多层次、动态化、智能化的关键科技支撑。

第八章 土木、水利与建筑领域工程科技需求牵引的基础研究方向建议

一、高密度复杂空间的城市更新理论与数字技术

选题意义：为应对全球可持续发展的迫切需求，我国提出“双碳”目标，“城市与建筑”领域关注建设可持续发展的宜居城市。绿色低碳的城市设计理念及与之配套的关键技术发展将具有重要意义。此外，对高密度建成环境的更新改造，对于充分利用既有建筑，降低碳排放具有显著的效用和积极的意义。

重点研究领域：既有建筑改造功能提升技术；旧城更新、功能提升与再开发关键技术；人工智能辅助城市规划设计；人工智能辅助建筑设计；面向建筑信息模型的大数据关键技术及解决方案；基于多规融合的城乡规划方法；计算机辅助设计三维基础平台软件；城市空间业态与交通的关联研究；城市基础设施的网格化扁平化智能平台；城镇空间治理与防灾减灾方法和技术；“双碳”导向下的建筑能源系统。

二、土木工程未来材料与建造技术基础

选题意义：面对全球气候变化的严峻形势，我国提出“双碳”目标，土木工程项目往往涉及范围广、运行周期长，在实现“双碳”目标的进程中势必要承担重要任务。土木工程材料生产环节的碳排放量占比可观，因此，发展绿色低碳工程材料对推动土木工程可持续发展具有重要意义。此外，建筑工业化与智能建造技术可有效提升土木工程建造效率，面向深地、深海、太空等新环境的资源开发和基础设施

建造技术可极大扩宽人类活动范围，对节能减排具有积极意义。

重点研究方向：新一代低碳混凝土材料；极端服役环境下高性能土木工程材料；高性能生物基循环再生土木工程材料；结构-功能一体化土木工程材料；土木工程材料高通量数字化表征与智能设计；基因驱动的土木工程材料智能设计原理与组构调控理论；自诊断、自愈合、自调节的智能土木工程材料；超材料与智能结构；机器人智慧建造；星球地缘材料与建造技术。

三、土木工程智能诊断与智慧运维技术基础

选题意义：随着城镇化水平的不断提高，土木工程逐步进入集中建造转向服役运维的转型期，大量在役建筑与基础设施的运营维护将成为行业未来发展的重要工作。在以往高速建设的过程中，受技术力量不足、建设周期过快、监管不到位、运营管理不足等因素影响，城市建筑与基础设施普遍存在不同程度的安全风险；随着时间的推移，基础设施性能仍将持续劣化，安全性和使用功能方面的不足将日益凸显。近年来智能化技术得到快速发展，为土木工程复杂服役状态的诊断与运维决策提供了新思路。因此，发展土木工程智能诊断理论，提出基础设施性能提升技术体系，建立覆盖全寿命周期的智慧运维系统，对保障基础设施安全运行，促进土木工程行业绿色可持续发展具有重要的理论意义和实践价值。

重点研究方向：多元广域的感知新材料、新原理、新工艺及其智能感知技术；低功耗、多参量、多用途的人工智能传感器；海量、多源、异构、不完备数据的多维度全域感知融合方法；大数据推理方法、智能认知模型和土木工程服役性态智能识别方法；数据-知识-理论融合驱动的智能诊断方法；海量异构数据实时解析、计算分析、决策理论与方法。

四、城市建筑和基础设施安全与韧性智能化技术基础

选题意义：在灾害与事故种类多、影响面广，人口规模大、城镇

高密集的国情下，我国城市安全问题十分突出。建筑与基础设施不仅是灾害与事故的承灾体，同时也是造成人民生命财产损失的致灾体，建筑和基础设施的安全与韧性是城市安全的基本盘。当今世界正处于百年未有之大变局，我国极端情况日益多发、频发，给建筑和基础设施的安全与韧性保障带来了前所未有的挑战，我国城市“致灾风险构成复杂”“承灾体暴露性突出”“减灾要素发展滞后”等一系列复杂特征使得传统相关技术与手段收效甚微。在此背景下，研发面向建筑和基础设施安全与韧性的知识图谱、天空地一体化监测、数字孪生、智慧城市等先进智能化技术，构建城市建筑和基础设施安全与韧性智能化技术基础，对于保障我国现有城镇化成果、促进新型城镇化发展具有重要意义。

重点研究方向：城市（群）建筑和基础设施安全表征图谱理论与构建技术；城市安全风险天空地一体化融合感知关键技术与装备；数字孪生支持的城市安全风险情景构建与交互推演技术；面向建筑和基础设施全寿期决策、多风险预警与跨尺度处置的城市安全智能体关键技术及装备；融合智慧城市的建筑和基础设施多层级综合韧性评估与提升技术。

五、数字孪生流域建设技术

选题意义：流域是国家发展战略的基本载体，长江经济带发展、黄河流域生态保护和高质量发展等五大国家战略均依托流域布局。流域防洪排涝、水资源管理调配等诸多业务需要跨时空、多专业、多情景的综合推演和科学决策，现有的监测、预报、模拟技术在专业协同、场景耦合、综合推演等方面还存在明显差距，亟须研发数字孪生流域建设关键技术，以物理流域为基础、时空数据为底座、数学模型为核心、水利知识为驱动，对物理流域全要素和水利治理管理全过程进行数字化映射、智能化模拟，突破物理流域在情景设置、场景耦合、综合推演等方面的限制，为水利高质量发展提供仿真引擎，支撑水利业务管理的智慧化和现代化。

重点研究方向：数字孪生流域和数字孪生水利工程建设总体框架与方法；数字孪生流域算据、算法、算力建设技术；基于数理统计和数据挖掘技术的自主化数学模型；大尺度物理流域全要素和水利治理管理全过程进行数字化映射、智能化模拟技术；天空地一体化水利感知网构建技术；具有预报、预警、预演、预案功能的数字孪生流域和数字孪生水利工程技术；跨流域多区域水资源系统均衡调配系统模型技术；大尺度水资源系统均衡调配与智慧化管控技术。

六、重大水网工程建设和安全运行关键技术

选题意义：在新时期治水思路引领，以及新的人口产业政策和国土空间管控制度的驱动下，水安全形势发生了深刻变化，亟须深入分析区域水平衡机制和演进规律，系统研究并整体优化国家水网布局。以特高坝、长距离调水工程为代表的重大水利工程的高质量建设和安全管控关乎国家公共安全。为提升建设质量和运行安全管控水平，将物联网、人工智能、云计算等现代信息技术与传统工程技术相融合，发展工程施工质量和运行安全的智能监控技术，是当前工程领域的研究热点。目前，水工构筑物施工运行真实性态演化规律及其数学表征的研究，仍然无法满足全过程施工质量智能控制、运行安全智能监控技术发展的要求。

重点研究方向：高海拔、高寒、高地应力、高地震烈度、高水头、深厚覆盖层等“五高一深”复杂条件下重大水网工程生态环境友好保障建设技术；水工建筑全寿命周期设计及碳排放核算，超大水工结构低碳等新材料研发技术；高坝-场地-库水体系非线性动力多耦合作用机制，水工程结构震损机理和震灾控制技术；变化环境下的长期服役水工程性能演化规律和机理，水工程全寿命周期内性态演变规律及极端事件下灾变机理；复杂建设与运行环境下水网工程全寿命周期结构安全的实时精准感知、智能推演预报、快速准确预警、绿色靶向

修复、可视化智能管控。

七、低碳水质净化技术基础

选题意义：减少温室气体排放是寻求改善环境、实现城市可持续发展中面临的主要挑战。如何在水资源短缺、水源污染严重和城市饮用水生产环节减少碳排放量等多重制约下为城市群供应符合标准的饮用水，是目前城市饮用水处理行业一项十分紧迫且充满挑战的任务。

重点研究方向：高效、绿色净水剂的原位制备方法；高级氧化强化过滤的滤层微纳结构与价态转化调控方法；自驱动纳米复合有机膜滤过程的新材料、新原理、新工艺及其多适应调控技术；纳米复合陶瓷膜界面催化特性调控与水质深度净化原理；纳米气泡原位规模化制备方法与水质消毒技术；基于高级氧化反应的膜清洗方法与技术；微污染物与消毒副产物的削减技术；二次供水安全保障体系构建方法。

八、全球卫星遥感实时监控系统

选题意义：卫星遥感是地球观测的主要手段之一，对台风、野火、洪涝、沙尘暴等灾害的监测防控及国民社会经济领域的发展起到了重要作用。随着地表环境的急剧变化与社会的加速发展，传统的遥感技术与服务方式难以实现快速响应，因此，推动卫星监测与地面应用的实时联动，在卫星侧实现更高精度、更高频率、更高效率的地球实时感知与信息识别，在地面侧搭建集汇聚、存储、计算与应用于一体的应用平台，双端发力实现从基础数据获取、处理到应用的全流程贯通与协作，能够提升卫星遥感监控与服务的即时性与准确性，对于实时监控更新地球体征、快速应对地球灾害与突发问题、高效响应业务应用需求具有重大的实践意义。

重点研究方向：变化信息的定向、定点地理实体数据的采集和更新；双线阵推扫星上处理提取动态目标，以信息的传输取代传统条带影像的传输，建立动静结合的全球实时数据采集及应用；研究星上变化检测，将卫星作为一个智能感应的前端，开发“变”“快”“准”卫星星座；建设“大数据+云计算+人工智能”运作模式的地面应用平台。

九、交通基础设施智能建养和全寿期性能保持技术基础

选题意义：我国交通基础设施建设及管养需求巨大，随着交通基础设施服役时间的增长，材料性能的退化会引起结构及整体性能的逐步降低，结构安全及正常使用功能问题逐渐凸显，基础设施建养技术面临工业化及信息化程度低的问题。交通基础设施建养需要充分利用新材料、大数据、物联网、智能传感、人工智能等新技术，以实现工程深化设计及优化、精密测控、智能化安装、动态监控、信息化和系统化管理，以及基础设施性能提升，达到提质增效、拓展工程价值链的目的。

重点研究方向：交通基础设施建造和管养数据（知识）库、知识的语义表述理论方法、知识的学习及应用的关键理论方法；交通基础设施（群）的智能化监测、检测和评估预警的关键算法；交通基础设施建养装备（群）的智能协同控制理论方法和算法；交通基础设施“材料-结构-整体”的劣化机理及性能保持基本理论方法；远海、高寒等多灾害复杂环境下长寿命绿色交通基础设施全寿命周期设计、评估和提升的理论方法。

十、新一代轨道交通工程基础理论方法

选题意义：截至 2023 年底，我国高速铁路运营总里程已经突破了 4.5 万 km，高速铁路运营速度已达到 350 km/h，“四纵四横”高速铁路网全面建成，“八纵八横”高速铁路网加密形成，有力支撑了国家重大战略。为实现“全国 123 出行交通圈”，需要实施更高速度的轮轨高速铁路工程，保证高速铁路的运行安全性及乘坐舒适性。新一代轨道交通工程基础理论方法的突破，对于提升高速铁路运营速度及运输效率，保持我国轨道交通工程的国际领先地位具有重要意义。

重点研究方向：高速轮轨的牵引制动机理及轮轨系统磨耗机理；列车通过时基础设施的噪声和振动机理，减震降噪的基础理论方法；更高速轨道交通通过非开放基础设施及会车时的空气动力学问题和环境问题；跨海（山）长大桥梁、超长隧道等超级工程的线路平顺性劣化机理及高平顺性保持的理论方法。研究磁浮高速铁路系统设计、基础设施建造及装备研发、运营维护及安全保障等理论方法和关键技术。

十一、智慧城市系统架构与平台技术基础

选题意义：智慧城市是破解传统城市难题的关键技术手段，是构建数字中国、智慧社会的重要内容，是推动数字经济发展的重要载体，是建设创新型国家的重要着力点，也是国家融入时代发展潮流、响应时代需求的关键举措。自我国开展智慧城市试点探索与建设至今，囿于已有城市基底的改造难题、城市部门与业务的协同障碍与城市认知的匮乏，智慧城市建设往往局限于局部技术与工具的信息化，并未真正实现城市治理模式的转变。因此，面向我国智慧城市建设与发展的困境，亟须拓展智慧城市系统认知范式，搭建适应快速变化的城市系统与快速演进的技术体系的智慧城市系统架构，深入研究智慧城市操作系统平台的数据与技术融合体系，对支撑我国智慧城市领域持续发展与建设具有重要的理论意义与实践价值。

重点研究方向：智慧城市系统认知范式；基于空间信息服务的智慧城市操作系统架构与服务体系；城市实体目标精细建模与动态更新机制以及城市场景时空演变过程建模和仿真机制；城市信息存储、管理、计算及可视化框架；多源异构海量城市信息、数据与服务资源的实时接入、深度融合关联与灵活分析计算、逼真可视化表达与多模式交互需求的智慧城市操作系统平台技术体系。

十二、基于新一代数字技术集成的城市多尺度空间智能平台

选题意义：随着城市化进程的持续推进和城市规模的不断扩大，

城市系统中将包容更多的要素与活动，城市的复杂性引发了越来越多的城市问题，城市发展难以持续，环境不再宜居，安全难以保障，城市的管理治理已经成为当前时代人类面临的共同挑战。新一代信息通信技术的演进为破解城市难题带来了新的科学手段，以城市多尺度空间智能平台为载体，搭建新型基础设施体系感知与连接城市，融合大数据、语义关联、人工智能等技术解构与研究城市，在数字空间中对城市的现状和未来进行仿真、推演、决策和控制，对于推进城市管理治理能力提升，解决城市可持续发展问题具有重要意义。

重点研究领域：虚拟城市环境实时构建与动态表达技术；城市空间仿真与优化技术；城市空间规划在线协同技术；城市土地资源立体化利用管理技术；城市数据自动语义关联和动态融合技术；城市中物质和能量循环研究；“通导遥”一体化的定位、导航、授时、遥感、通信系统；城市泛在感知网络及其集成整合与数据挖掘技术；基于众筹群智的城市安全预测预警和应急管理技术；基于人类行为分析的城市运行优化与提升技术。

第九章　土木、水利与建筑领域推进措施与政策建议

一、建立高精度城市建筑基础数据库，强化关键技术软件的自主化

城市建筑与基础设施基础数据平台和管理系统以及关键软件是支撑未来数字建筑和数字城市建设的基础，也是智慧城市建设的重要保障。当前，我国城市建筑基础数据仍相当匮乏，存在数据少、互联互通差、数据资源化利用程度低等不足。并且，相关的软件系统对外依赖度大，对我国高度自主化的数字城市建设形成巨大挑战。因此，建议加强对城市建筑高精度基础数据库建设的长期性资助，建成支持数据开放、共享、共建的基础性城市数据库，形成共通共用、即时交互、跨行业和部门协同的系统平台，支撑城市建成环境动态监测和评估、综合监测管控等智能化管理和运维的实现。加强对关键性技术软件研发的资金和技术支撑，形成数字建筑、数字设计、数字城市系列成套自主软件。

二、完善大型综合研究基础设施，集中资源攻克工程建设核心科技问题

国内的重大科技基础设施应具备与世界领先设施对比的能力，具备集中资源攻克工程建设核心科技问题和保障国家战略安全与核心利益的能力。重大科技基础设施作为前沿和核心科技问题突破的关键支撑，已经成为许多国家的重点关注对象，以追求未来科技发展的领先水平。现代科学研究已由单学科向多学科交叉融合转化，旨在对细微观、微观、宏观、巨观等复杂多领域的科研难题开展攻关，响应日益

综合的科研发展目标。因此，单一功能的基础设施将不再满足日益复杂的多功能的科研需求，建立大型综合研究基础设施已成为未来科技发展的方向，建议加快深海、深地、深空等的战略工程重大科技基础设施建设，提升基础设施抵御复杂严酷恶劣环境的能力，通过智能建造技术实现重大科技基础设施在极端环境下的高质量快速建造，形成重大科技基础设施工程建设技术体系。

三、推动城镇化建设领域既有行业规范评估，优化标准的编撰组织模式

标准是城镇化建设的重要技术依据和准则，对引领技术方向、保障工程质量安全、推广应用先进技术、提升核心技术竞争力具有不可替代的重要意义。然而，目前工程建设标准存在修订周期过长、标准编撰部门缺乏协调沟通、制定标准时缺乏深入研究和充分调研等问题，导致发行时的标准不能代表当前工程建设最先进的科技水平和工程需求，不同标准各行其是不成体系，规范条文缺乏严谨的科学论证。因此，建议加强工程建设标准体系的顶层设计，对现行行业规范进行评估，优化现有标准编撰组织模式，向全社会各部门或单位开放标准编纂工作，广泛征求意见，设置专项经费支持标准编纂工作，缩短标准修订周期，将标准发行所获利润用于标准自身的建设工作，提升标准编纂工作组的积极性。

四、强化水资源战略顶层设计，实现水资源高效开发利用

聚焦水资源的安全保障及开发利用，完善水资源生态保护治理及优化开发的理论和技术体系，突破重点检测、风险评估、关键治理、智能决策、关键装备的共性技术短板，加强水资源的规划和系统修复。按照“安全保障、绿色开发、集约利用、智能发展”的总体思路，围绕水资源领域产业链，布局创新链，统筹资源链，解决科技、经济“两张皮”问题，实现科技经济融合发展。以“资源高质量保障支撑经济社会高质量发展”为

目标，构建高端化的技术支撑体系和高质量的水资源保障体系。

五、加强资源基础理论研究，助力水资源领域可持续发展

加强水资源领域基础应用研究，尽快突破关键“卡脖子”技术，实现创新链、产业链、资源链有机融合。加强水资源领域科技创新平台顶层设计，统筹规划科技创新平台和能力建设，优先布局国家实验室、国家重点实验室、国家技术创新中心、国家重大基础设施等科技平台，构建全链条全方位的科技创新平台体系。完善基础研究投入机制，提高基础研究占全社会研发投入的比例，充分发挥国家对基础研究投入的主体作用，推动形成由地方政府、企业和社会力量组成的多元投入体系。加强不同学科之间的相互碰撞、交叉、借鉴、融合和集成创新，形成独特的创新方式，催生原创性重大科学成果，实现水资源领域可持续发展。

六、加快“大测绘”空间信息基础设施建设

“大测绘”作为以空天地遥感对地观测与导航、地理信息技术为代表的地球空间信息技术理念，承担着完善卫星通信、导航、遥感等空间信息基础设施的重要任务，也支撑着测绘与地理信息从传统单一服务向综合性服务转变的范式延伸。然而，我国空间信息基础设施建设仍存在实际需求响应性弱、多部门建设协同性低、数据共享与合作建设难度高等问题，空间信息基础设施的建设水平和协同能力有待提升，自主创新及融合集成创新能力有待增强。因此，建议强化顶层统筹力度，优化设施在空间、部门、任务间的合理布局与衔接，推动空间信息基础设施的共建共享共用，建成具有综合性服务能力的“大测绘”空间信息基础设施。

七、加强测绘法制化和标准化建设，提升测绘地理信息规范化管理水平

信息化产业的发展为测绘领域注入新的活力，同时测绘地理信息行业的任务也出现了显著转变。新型测绘、智能化测绘等概念不断涌现，

传统测绘规范及标准体系已不能很好地指导测绘工作的实施与开展，存在更新滞后、标准不统一等问题。随着互联网地图服务、移动位置服务、三维实景地图服务、遥感影像服务等的快速发展，非测绘企业及个人介入地理信息采集、传输和应用活动越来越普及，使地理信息安全隐患日益突出。因此，为保障测绘领域的高质量发展，优化测绘标准化进程，建议完善测绘标准化更新体系，加强测绘标准化强度，使其易于更新，降低操作的复杂性；加强测绘地理信息安全意识，规范测绘地理信息立法机制，地方政府因地制宜修订相应的法规制度，推行立法后评估，积极实践测绘地理信息监管的新方式，逐步完善我国的测绘法制。

八、创新技术攻坚模式，提升重大交通基础设施核心技术供给能力

以重大交通工程建设项目为抓手，统筹布局关键核心工程技术研发，通过科学合理地确定工程实验费规模、预留跟踪研究经费和补贴资金等形式支持重点攻关和持续深化研究。加强交通基础设施建设与技术攻关协同，在基建程序全过程同步抓好技术攻关管理工作，建立交通基础设施建设与技术攻关创新“同步规划、同步审查、同步推进、同步监管、同步验收”机制，发挥技术创新对工程建设的支撑引领作用。建立重大工程建设项目企业技术研发考核评价机制，鼓励将考核评价结果作为政府采购、工程招标投标、竣工验收等管理工作的依据，吸引企业投入关键核心技术攻坚行动。建立包容审慎的交通工程技术创新试错容错机制，鼓励具备条件的工程项目引入新技术进行试点和集成创新，围绕行业技术发展瓶颈，推动一批高质量发展需求的重大技术创新成果在示范工程转化与推广应用。

九、构建智慧城市建设标准体系，建立健全智慧城市评价体系，推进分级分类智慧城市策略研究，推动“以人为本”的智慧城市转型

智慧城市领域仍处于发展阶段，存在着“信息烟囱”、“数据孤

岛”、重技术轻应用、重投入轻实效，公共数据难以互联互通，市民感知度较差等问题。同时，建设智慧城市是一个长期演进的过程，迫切需要明确标准体系和具体工程领域的标准化内容，形成建设成效的预评估、后评估机制；并根据城市发展水平和实际需求，制定合适的智慧城市顶层设计和发展路线图，推动、指导和规范新型智慧城市建设，让发展成果更加惠及民众。因此，建议完善智慧城市建设经验总结和推广机制，适时优化完善智慧城市标准体系，构建可度量、可操作的评价指标体系，引导新型智慧城市实现精细化管理和高质量发展；深化试点城市智慧城市建设，完善智慧城市分级分类评价框架，明确各级各类城市未来智慧城市建设目标，推进分级分类智慧城市策略研究；创新“以人为本”的智慧城市管理模式，服务城市发展、人居生活。

参 考 文 献

鲍跃全，李惠. 2019. 人工智能时代的土木工程[J]. 土木工程学报，52（5）：1-11.

曹万林，杨兆源，周绪红，等. 2021. 装配式轻钢组合结构研究现状与发展[J]. 建筑钢结构进展，23（12）：1-15.

陈军，刘万增，武昊，等. 2021. 智能化测绘的基本问题与发展方向[J]. 测绘学报，50（8）：995-1005.

陈锐志，王磊，李德仁，等. 2019. 导航与遥感技术融合综述[J]. 测绘学报，48（12）：1507-1522.

程国忠，周绪红，刘界鹏，等. 2022. 基于深度强化学习的高层剪力墙结构智能设计方法[J]. 建筑结构学报，43（9）：84-91.

董哲仁，孙东亚，等. 2007. 生态水利工程原理与技术[M]. 北京：中国水利水电出版社.

丰瑛. 2021. 混凝土材料的研究现状和发展应用[J]. 四川水泥，（2）：11-12.

傅志寰，孙永福. 2019. 交通强国战略研究：第三卷[M]. 北京：人民交通出版社.

高井祥，王坚，李增科. 2019. 智能背景下测绘科技发展的几点思考[J]. 武汉大学学报（信息科学版），44（1）：55-61.

龚健雅，张翔，向隆刚，等. 2019. 智慧城市综合感知与智能决策的进展及应用[J]. 测绘学报，48（12）：1482-1497.

龚健雅. 2018. 人工智能时代测绘遥感技术的发展机遇与挑战[J]. 武汉大学学报（信息科学版），43（12）：1788-1796.

郭雨晖，汤志伟，翟元甫. 2019. 政策工具视角下智慧城市政策分析：从智慧城市到新型智慧城市[J]. 情报杂志，38（6）：201-207，200.

蒋亚东，石焱文. 2019. 数字孪生技术在水利工程运行管理中的应用[J]. 科技通报，35（11）：5-9.

蒋云钟，冶运涛，赵红莉，等. 2021. 智慧水利解析[J]. 水利学报，52（11）：1355-1368.

李德仁. 2017. 从测绘学到地球空间信息智能服务科学[J]. 测绘学报，46（10）：1207-1212.

李德仁. 2018. 论军民深度融合的通导遥一体化空天信息实时智能服务系统[J]. 军民两用技术与产品，（15）：14-17.

李德仁，沈欣，李迪龙，等. 2017. 论军民融合的卫星通信、遥感、导航一体天基信息实时服务系统[J]. 武汉大学学报（信息科学版），42（11）：1501-1505.

李国英. 2022. 深入学习贯彻习近平经济思想 推动新阶段水利高质量发展[J]. 中国水利，（11）：1-3.

李仪祉，党兰玲. 2022. 中国水利发展脉络与未来走向[J]. 水利科技与经济，28（8）：147-150.

李肇桀，张旺，王亦宁. 2021. 2035年水利现代化远景目标展望[J]. 水利发展研究，21（1）：19-22.

刘宇飞，樊健生，聂建国，等. 2021. 结构表面裂缝数字图像法识别研究综述与前景展望[J]. 土木工程学报，54（6）：79-98.

刘占省，孙啸涛，史国梁. 2021. 智能建造在土木工程施工中的应用综述[J]. 施工技术（中英文），50（13）：40-53.

聂建国. 2016. 我国结构工程的未来——高性能结构工程[J]. 土木工程学报，49（9）：1-8.

宁津生. 2019. 测绘科学与技术转型升级发展战略研究[J]. 武汉大学学报（信息科学版），44（1）：1-9.

彭玲玲，鲁长国. 2012. 领跑世界新速度——记“超高层智能化整体顶升钢平台及可变模架体系”的科技攻关及应用[J]. 中国科技奖励，（4）：68-70.

全国人民代表大会常务委员会专题调研组. 2022. 关于实施积极应对人口老龄化国家战略、推动老龄事业高质量发展情况的调研报告[R]. 北京：第十三届全国人民代表大会常务委员会.

石永久，余香林，班慧勇，等. 2021. 高性能结构钢材与钢结构体系研究与应用[J].

建筑结构，51（17）：145-151，128.

唐瑜，李超. 2022. 预制装配式建筑在建筑工程中的应用与研究[J]. 四川建材，48（7）：40-41.

王安妮，刘晓刚，岳清瑞. 2022. 碳纤维增强树脂基复合材料及其拉索抗低速冲击性能综述[J]. 复合材料学报，39（11）：5049-5061.

王建国. 2005. 21 世纪初中国建筑和城市设计发展战略研究[J]. 建筑学报，（8）：5-9.

王建国. 2012. 21 世纪初中国城市设计发展再探[J]. 城市规划学刊，（1）：1-8.

韦颜秋，李瑛. 2019. 新型智慧城市建设的逻辑与重构[J]. 城市发展研究，26（6）：108-113.

习近平. 2022. 高举中国特色社会主义伟大旗帜 为全面建设社会主义现代化国家而团结奋斗——在中国共产党第二十次全国代表大会上的报告[M]. 北京：人民出版社.

熊伟. 2019. 人工智能对测绘科技若干领域发展的影响研究[J]. 武汉大学学报（信息科学版），44（1）：101-105，138.

杨元喜，任夏，王建荣. 2022. 集成型与智能型测绘卫星工程发展及其关键技术[J]. 测绘学报，51（6）：854-861.

於志文，於志勇，周兴社. 2012. 社会感知计算：概念、问题及其研究进展[J]. 计算机学报，35（1）：16-26.

中国建筑节能协会. 2021. 2021 中国建筑能耗与碳排放研究报告：省级建筑碳达峰形势评估[R]. 北京：中国建筑节能协会.

重大水利工程安全基础理论发展战略研究项目组. 2019. 重大水利工程安全基础理论发展战略研究[M]. 北京：中国水利水电出版社.

朱庆. 2014. 三维 GIS 及其在智慧城市中的应用[J]. 地球信息科学学报，16（2）：151-157.

Abolhassani S S，Zandifar A，Ghourchian N，et al. 2022. Improving residential building energy simulations through occupancy data derived from commercial off-the-shelf Wi-Fi sensing technology[J]. Energy and Buildings，272：112354.

Adam A，Finance O，Thomas I. 2021. Monitoring trucks to reveal Belgian geographical structures and dynamics：From GPS traces to spatial interactions[J]. Journal of Transport Geography，91：102977.

Baas J，Boyack K，Ioannidis J P A. 2021. Updated science-wide author databases of standardized citation indicators[J]. PLOS Biology，18（10）：1-3.

Cohen N. 1999. Urban Conservation[M]. Cambridge：MIT Press.

Gabrys J. 2016. Program earth：Environmental sensing technology and the making of a computational planet[M]. Minneapolis：University of Minnesota Press.

Giuseppe B. 2022. Multidisciplinary uses of a GGOS core station[C]. Athens：44th COSPAR Scientific Assembly.

Jeong G Y，Nguyen T N，Tran D K，et al. 2020. Applying unmanned aerial vehicle photogrammetry for measuring dimension of structural elements in traditional timber building[J]. Measurement，153：107386.

Jones D，Snider C，Nassehi A，et al. 2020. Characterising the Digital Twin：A systematic literature review[J]. CIRP Journal of Manufacturing Science and Technology，29：36-52.

Li D R，Wang M，Jiang J. 2021. China's high-resolution optical remote sensing satellites and their mapping applications[J]. Geo-spatial Information Science，24（1）：85-94.

Liu M N，Fang S L，Dong H Y，et al. 2021. Review of digital twin about concepts，technologies，and industrial applications[J]. Journal of Manufacturing Systems，58：346-361.

Semeraro C，Lezoche M，Panetto H，et al. 2021. Digital twin paradigm：A systematic literature review[J]. Computers in Industry，130：103469.

Sohn W Y，An T K，Lee W G. 2017. The method to converge of public transportation information at home and abroad[J]. Journal of the Korea Convergence Society，8（3）：41-48.

Tao F，Zhang H，Liu A，et al. 2019. Digital twin in industry：State-of-the-art[J]. IEEE Transactions on Industrial Informatics，15（4）：2405-2415.

Tyagi D，Wang H D，Huang W C，et al. 2020. Recent advances in two-dimensional-material-based sensing technology toward health and environmental monitoring applications[J]. Nanoscale，12（6）：3535-3559.

UN-Habitat. 2022. World Cities Report 2022：Envisaging the Future of Cities[EB/OL]. https://unhabitat.org/wcr/[2023-11-12].

United Nations Environment Programme. 2021. 2021 Global Status Report for Buildings and Construction：Towards a Zero-emission，Efficient and Resilient Buildings and Construction Sector[R]. Nairobi：United Nations Environment Programme.

Wang J R，Wang R X，Hu X，et al. 2017. The on-orbit calibration of geometric parameters of the Tian-Hui 1（TH-1）satellite [J]. ISPRS Journal of Photogrammetry and Remote sensing，124：144-151.

关键词索引